新一代人工智能 2030 全景科普丛书

智能机器人

王喜文 著

科学技术文献出版社

SCIENTIFIC AND TECHNICAL DOCUMENTATION PRESS

·北京·

图书在版编目（CIP）数据

智能机器人 / 王喜文著. —北京：科学技术文献出版社，2020.9

（新一代人工智能2030全景科普丛书 / 赵志耘总主编）

ISBN 978-7-5189-5770-5

Ⅰ.①智…　Ⅱ.①王…　Ⅲ.①智能机器人　Ⅳ.① TP242.6

中国版本图书馆 CIP 数据核字（2019）第 145409 号

智能机器人

策划编辑：郝迎聪　　责任编辑：王　培　　责任校对：张吲哚　　责任出版：张志平

出　版　者	科学技术文献出版社
地　　　址	北京市复兴路15号　邮编　100038
编　务　部	(010) 58882938，58882087（传真）
发　行　部	(010) 58882868，58882870（传真）
邮　购　部	(010) 58882873
官 方 网 址	www.stdp.com.cn
发　行　者	科学技术文献出版社发行　全国各地新华书店经销
印　刷　者	北京时尚印佳彩色印刷有限公司
版　　　次	2020 年 9 月第 1 版　2020 年 9 月第 1 次印刷
开　　　本	710×1000　1/16
字　　　数	79千
印　　　张	7
书　　　号	ISBN 978-7-5189-5770-5
定　　　价	28.00元

总　序

　　人工智能是指利用计算机模拟、延伸和扩展人的智能的理论、方法、技术及应用系统。人工智能虽然是计算机科学的一个分支，但它的研究跨越计算机学、脑科学、神经生理学、认知科学、行为科学和数学，以及信息论、控制论和系统论等许多学科领域，具有高度交叉性。此外，人工智能又是一种基础性的技术，具有广泛渗透性。当前，以计算机视觉、机器学习、知识图谱、自然语言处理等为代表的人工智能技术已逐步应用到制造、金融、医疗、交通、安全、智慧城市等领域。未来随着技术不断迭代更新，人工智能应用场景将更为广泛，渗透到经济社会发展的方方面面。

　　人工智能的发展并非一帆风顺。自 1956 年在达特茅斯夏季人工智能研究会议上人工智能概念被首次提出以来，人工智能经历了 20 世纪 50—60 年代和 80 年代两次浪潮期，也经历过 70 年代和 90 年代两次沉寂期。近年来，随着数据爆发式的增长、计算能力的大幅提升及深度学习算法的发展和成熟，当前已经迎来了人工智能概念出现以来的第三个浪潮期。

　　人工智能是新一轮科技革命和产业变革的核心驱动力，将进一步释放历次科技革命和产业变革积蓄的巨大能量，并创造新的强大引擎，重构生产、分配、交换、消费等经济活动各环节，形成从宏观到微观各领域的智能化新需求，催生新技术、新产品、新产业、新业态、新模式。2018 年麦肯锡发布的研究报告显示，到 2030 年，人工智能新增经济规模将达 13 万亿美元，其对全球经济增长的贡献可与其他变革性技术如蒸汽机相媲美。近年来，世界主要发达国家已经把发展人工智能作为提升其国家竞争力、维护国家安全的重要战略，并进行针对性布局，力图在新一轮国际科技竞争中掌握主导权。

德国 2012 年发布十项未来高科技战略计划，以"智能工厂"为重心的工业 4.0 是其中的重要计划之一，包括人工智能、工业机器人、物联网、云计算、大数据、3D 打印等在内的技术得到大力支持。英国 2013 年将"机器人技术及自治化系统"列入了"八项伟大的科技"计划，宣布要力争成为第四次工业革命的全球领导者。美国 2016 年 10 月发布《为人工智能的未来做好准备》《国家人工智能研究与发展战略规划》两份报告，将人工智能上升到国家战略高度，为国家资助的人工智能研究和发展划定策略，确定了美国在人工智能领域的七项长期战略。日本 2017 年制定了人工智能产业化路线图，计划分 3 个阶段推进利用人工智能技术，大幅提高制造业、物流、医疗和护理行业效率。法国 2018 年 3 月公布人工智能发展战略，拟从人才培养、数据开放、资金扶持及伦理建设等方面入手，将法国打造成在人工智能研发方面的世界一流强国。欧盟委员会 2018 年 4 月发布《欧盟人工智能》报告，制订了欧盟人工智能行动计划，提出增强技术与产业能力，为迎接社会经济变革做好准备，确立合适的伦理和法律框架三大目标。

党的十八大以来，习近平总书记把创新摆在国家发展全局的核心位置，高度重视人工智能发展，多次谈及人工智能重要性，为人工智能如何赋能新时代指明方向。2016 年 8 月，国务院印发《"十三五"国家科技创新规划》，明确人工智能作为发展新一代信息技术的主要方向。2017 年 7 月，国务院发布《新一代人工智能发展规划》，从基础研究、技术研发、应用推广、产业发展、基础设施体系建设等方面提出了六大重点任务，目标是到 2030 年使中国成为世界主要人工智能创新中心。截至 2018 年年底，全国超过 20 个省市发布了 30 余项人工智能的专项指导意见和扶持政策。

当前，我国人工智能正迎来史上最好的发展时期，技术创新日益活跃、产业规模逐步壮大、应用领域不断拓展。在技术研发方面，深度学习算法日益精进，智能芯片、语音识别、计算机视觉等部分领域走在世界前列。2017—2018 年，中国在人工智能领域的专利总数连续两年超过了美国和日本。在产业发展方面，截至 2018 年上半年，国内人工智能企业总数达 1040 家，位居世界第二，在智能芯片、计算机视觉、自动驾驶等领域，涌现了寒武纪、旷视等一批独角兽企业。在应用领域方面，伴随着算法、算力的不断演进和提升，越来越多的产品和应用落地，比较典型的产品有语音交互类产品（如智能音箱、智能语音助理、智能车载系统等）、智能机器人、无人机、无人驾驶汽车等。人工智能的应用范围则更加广泛，目前已经在制造、医疗、金融、教育、安防、商业、智能家居等多个垂直领域得到应用。总体来说，目前我国在开发各种人工智能应用方面发展非常迅速，但在基础研究、原创成果、顶尖人才、技术生态、基础平台、标准规范等方面，距离世界领先水平还存在明显差距。

1956 年，在美国达特茅斯会议上首次提出人工智能的概念时，互联网还没有诞生；今天，新一轮科技革命和产业变革方兴未艾，大数据、物联网、深度学习等词汇已为公众所熟知。未来，人工智能将对世界带来颠覆性的变化，它不再是科幻小说里令人惊叹的场景，也不再是新闻媒体上"耸人听闻"的头条，而是实实在在地来到我们身边：它为我们处理高危险、高重复性和高精度的工作，为我们做饭、驾驶、看病，陪我们聊天，甚至帮助我们突破空间、表象、时间的局限，见所未见，赋予我们新的能力……

这一切，既让我们兴奋和充满期待，同时又有些担忧、不安乃至惶恐。就业替代、安全威胁、数据隐私、算法歧视……人工智能的发展和大规模应用也会带来一系列已知和未知的挑战。但不管怎样，人工智能的开始按钮已经按下，而且将永不停止。管理学大师彼得·德鲁克说："预测未来最好的方式就是创造未来。"别人等风来，我们造风起。只要我们不忘初心，为了人工智能终将创造的所有美好全力奔跑，相信在不远的未来，人工智能将不再是以太网中跃动的字节和CPU中孱弱的灵魂，它就在我们身边，就在我们眼前。"遇见你，便是遇见了美好。"

新一代人工智能 2030 全景科普丛书力图向我们展现 30 年后智能时代人类生产生活的广阔画卷，它描绘了来自未来的智能农业、制造、能源、汽车、物流、交通、家居、教育、商务、金融、健康、安防、政务、法庭、环保等令人叹为观止的经济、社会场景，以及无所不在的智能机器人和伸手可及的智能基础设施。同时，我们还能通过这套丛书了解人工智能发展所带来的法律法规、伦理规范的挑战及应对举措。

本丛书能及时和广大读者、同人见面，应该说是集众人智慧。他们主要是本丛书作者、为本丛书提供研究成果资料的专家，以及许多业内人士。在此对他们的辛苦和付出一并表示衷心的感谢！最后，由于时间、精力有限，丛书中定有一些不当之处，敬请读者批评指正！

赵志耘

2019 年 8 月 29 日

前　言

智能机器人是什么？

智能机器人并不是按照预先设计好的程序或者工作人员的指挥来工作，而是根据自己的判断来行动，这就是智能机器人。未来的智能机器人应该是具备传感器和执行器，能够处理来自传感器感知的信息，能够指导执行器操作的一种机器。也就是说，智能机器人的行动是由传感器感知信息决定的，各种类型的传感器才能让智能机器人执行各种各样的行动。

以往，机器人大多应用于工业领域，尤其是汽车和电子制造业。而未来，随着老龄化社会的到来，很多机器人将走进家庭，与人类共同生活。工业机器人在工厂工作，是固定的工作环境，工作内容也是预先通过计算机软件设计好的程序，只需要简单重复即可。但是，在社会上工作的智能机器人则需要更加高级的环境感知能力。例如，智能家用机器人就需要通过感知来不断调整方位，回避桌椅等物体。也就是说，在"杂乱"的工作环境中工作，和人类共同生活的智能机器人必须要具备各种各样的传感器，来感知周边的环境信息，根据所处环境采取相应的行动。

未来，随着机器人遍及社会各个角落，每个人都能感受到机器人应用带来的效果。例如，在老龄化严重的情况下，医疗护理的重要性日益凸显。如果机器人得到深度应用，就可以提供许多目前还实现不了的高级医疗手段，提供负担较轻但是质量较高的护理服务。其实，服务机器人的应用范围很广，除了医疗护理之外，还包括维护保养、修理、运输、清洗、保安、救援、救灾等工作。尤其是在家庭和医疗领域的应用潜力巨大。全球人口的老龄化产生了许多社会问题，如对老年人的看护，以及医疗护理等。光靠财政手段解决这些问题，必将导致巨额社会负担。而从技术角度，广泛应用服务机器人，利用服务机器人所具有的特点则能够显著降低财政负担，提升幸福生活指数，有助于社会福利事业的健康发展。

同时，如果机器人在社会的各种场景得到应用，也将培育出机器人参与协同工作的各种新业态（维修、娱乐、保险等）。机器人传感器技术、控制技术、人工智能技术、人机交互技术、动力技术和材料技术不断发展，推动机器人在社会各个领域的应用走向成熟。尤其是随着智能控制理论、机器学习算法、人机交互等关键技术的快速发展，使得机器人具备深度学习的能力，通过访问云计算数据中心，进行大数据分析挖掘，进而能够在日益复杂的、不确定的和非结构化的环境中，进行自律性操作，从而响应并满足消费者个性化、实时化和多变化的需求。

可以预期，智能机器人将与 30 年前的个人电脑一样迈入家家户户，彻底改变人类的生活方式，让每个人都能感受到机器人应用带来的效果。

机器人的使用放大并延伸了人的"体力"，人工智能的融合提升了"脑力"，智能机器人将进一步协助人类、代替人类、拓展人类的综合能力——"机器人＋"时代即将到来！

目　录

第一章

智能机器人是什么

近年来，机器人再度受到极大关注。电视、电影中出现的机器人通常拥有超强的本事、超高的智能，人类将会对与机器人共同生活习以为常。同时，还有一些一直以来在工厂里默默无闻工作的工业机器人，也将实现"智能化"并成为代表未来制造业发展水平的标志。

第一节　机器人的起源

自 1954 年世界上第一台机器人诞生以来，世界工业发达国家已经建立起完善的工业机器人产业体系，机器人已经成为先进制造业中不可替代的重要装备。机器人的研发、制造、应用衡量着一个国家的科技创新和高端制造业水平。

一、机器人的定义

百度百科的解释：机器人（robot）是自动执行工作的机器装置。它既可以接受人类指挥，又可以运行预先编排的程序，也可以根据以人工智能技术制定的原则纲领行动。它的任务是协助或取代人类工作，如生产业、建筑业，或是危险工种。

实际上，机器人这个词的诞生最早可以追溯到 20 世纪初。1920 年，捷克斯洛伐克作家卡雷尔·恰佩克在他的科幻小说《罗萨姆的机器人万能公司》中，根据 Robota（捷克文，原意为"劳役、苦工"）和 Robotnik（波兰文，原意为"工人"），创造出"机器人"这个词。

斯坦福大学对机器人的定义是："机器人是指与人或者其他动物、其他机械一起工作的一种机械，分为自动和半自动两种类型。"

也就是说，一直以来，机器人主要是在"工业"中替代"工人"。所以，也有了很多对工业机器人的定义。

日本工业规格（JIS）对工业机器人的定义是："通过自动控制，具备操作功能或者移动功能，通过各种软件程序能够实现各种作业，可用于工业领域的机械。"

美国机器人协会将工业机器人定义为："工业机器人是用来进行搬运材料、零件、工具等可再编程的多功能机械手，或通过不同程序的调用来完成各种工作任务的特种装置。"

国际标准化（ISO）也曾于 1987 年对工业机器人给出了定义："工业机器人是一种具有自动控制的操作和移动功能，能够完成各种作业的可编程操作机。"ISO 8373 对工业机器人给出了更具体的解释："机器人具备自动控制及可再编程、多用途功能，机器人操作机具有 3 个或 3 个以上的可编程轴，在工业自动化应用中，机器人的底座可固定也可移动。"

而我国科学家对机器人的定义是："机器人是一种自动化的机器，所不同的是这种机器具备一些与人或生物相似的智能能力，如感知能力、规划能力、动作能力和协同能力，是一种具有高级灵活性的自动化机器。"

其实，工业机器人由机械本体、控制器、驱动系统和检测传感装置构成，是一种仿人操作、自动控制、可重复编程的机电一体化自动化生产设备。它对提高产品质量，提高生产效率，改善劳动条件和产品的快速更新换代起着十分重要的作用。

工业机器人是自动化的产物，是一种可以搬运物料、零件、工具或完成多种操作功能的专用机械装置；由计算机控制，是无人参与的自主自动化控制系统；它是可编程、具有柔性的自动化系统，可以允许进行人机联系。

当前，主流的工业机器人为六轴垂直多关节机器人。其能够向人类手腕那样灵活运转，"手"可以通过替换满足各种用途，定位精度达到 0.1mm，以高精度定位重复相同的工作动作（图 1-1）。

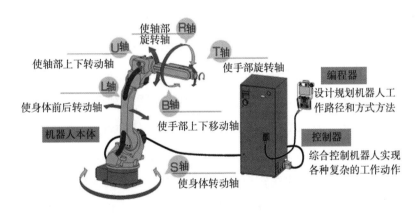

图 1-1　六轴工业机器人

注：6 个轴中都采用伺服电机。

二、工业机器人的历史

工业机器人最初来自美国人乔治·德沃尔（Georg C. Devol）1954 年注册的专利"Programmed Article Transfer"。其中描述了示教再现机器人的概念——通过示教（teaching）与再现（playback）

能够取放物品（put and take）的机械。这种机械能按照不同的程序从事不同的工作，因此，具有通用性和灵活性。

根据这一专利，1958 年，美国 Consolideted Control 公司研制出第一台数控工业机器人原型机——Automatic Programmed Apparatus，随后 1962 年，美国 Unimation 公司和 AMF 公司都推出了示教再现机器人的试作机（图 1-2）。

20 世纪 60 年代正是日本经济高速增长的阶段，劳动力人口出现了严重不足，迫切需要工业机器人来弥补。于是，1967 年，日本首次从美国进口了示教再现机器人，并自此开始了工业机器人的自主研发和量产。

工业机器人主要是替代工人的一些危险性作业、污染环境中工作或者简单重复性工作，目的在于提升生产安全性和提高产品质量，从而提升生产效率，因此，得以在制造业领域广泛被采用。

通常认为，工业机器人是在 20 世纪 70 年代开始"量产"的，80 年代是"普及元年"，80 年代也因此诞生了柔性制造系统（flexible manufacturing system，FMS）、工厂自动化（factory automation，FA）等新型生产系统。于是，传统的大规模生产时代，开始向中批量中种类、小批量多种类生产时代变迁。正是因为机器人相对于传统自动机更具广泛性，在新一代生产系统中发挥着核心作用，因此，机器人产业得以快速发展。

2000 年以前，应用机器人有着明确的目的，那就是在工厂车间，在危险环境下替代人来工作。

随着计算处理器等许多核心零部件的小型化、低价化、高性能化、高可靠性、存储大容量化，机器人本身也实现了控制功能高级化、高可靠化、低价化。工业机器人有望在各个制造领域广泛地普及。

2015 年，美国媒体《机器人商业评论》（*Robotics Business*

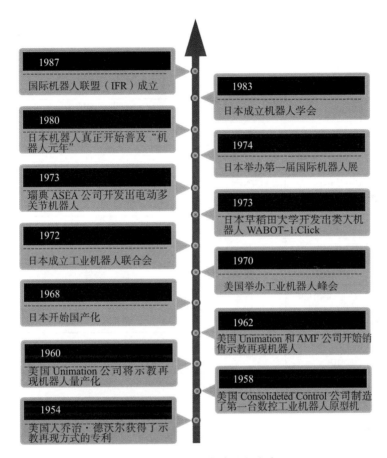

图 1-2　工业机器人起步阶段大事记

Review）曾经评出"机器人企业世界 50 强（RBR 50）"。其中，日本占据 9 席（表 1-1）。

表 1-1　机器人企业世界 50 强

企业名称	国家／地区	主要产品
3D Robotics	美国	无人机
ABB Robotics	瑞士	工业机器人
Aethon	美国	软件，物流相关机器人
Amazon	美国	物流相关机器人

续表

企业名称	国家／地区	主要产品
Autonomous Solutions	美国	物流相关机器人
Boeing	美国	机器人整体技术
Bosch Group	德国	工业，物流相关机器人
Brain Corporation	美国	软件
Caterpillar, Inc.	美国	物流相关机器人
Clearpath Robotics	加拿大	物流相关机器人
Dyson	英国	人形，物流相关机器人
Ekso Bionics	美国	医疗机器人
Energid Technologies	美国	软件
FANUC Robotics	日本	工业机器人
Festo	德国	工业机器人，机械手
Foxconn Technology Group	中国台湾地区	工业机器人
Future Robot	韩国	服务机器人
Gomtec	德国	工业机器人
Google	美国	人形，工业，物流相关机器人，机械手
Hocoma	瑞士	医疗机器人
Honda Robotics	日本	医疗机器人，软件，人形
Honeybee Robotics	美国	机械手，物流相关机器人
Intuitive Surgical	美国	医疗机器人
iRobot	美国	物流相关机器人，服务用机器人
Kawada Robotics	日本	人形
Kinova Robotics	加拿大	医疗机器人
Komatsu	日本	物流相关机器人
KUKA Robotics	德国	工业机器人
Liquid Robotics	美国	海上机器人
Lockheed Martin	美国	软件，物流相关机器人

续表

企业名称	国家／地区	主要产品
Nissan	日本	物流相关机器人
Northrop Grumman	美国	机械手，物流相关机器人
Open Bionics	英国	医疗机器人，机械手
Ottobock	德国	医疗机器人
Panasonic	日本	医疗机器人，工业机器人，物流相关机器人
Parrot SA	法国	无人机
Rethink Robotics	美国	人形，机械手，工业机器人
Robotiq	加拿大	机械手
SCHUNK	德国	机械手，工业机器人
Seiko Epson Corp.	日本	工业机器人
Siemens	德国	软件
Softbank Robotics	日本	人形
SSI Schaefer	德国	工业机器人
Swisslog	瑞士	医疗机器人，工业机器人，物流相关机器人
SynTouch	美国	医疗机器人
Teun	荷兰	工业机器人
Touch Bionics	英国	医疗机器人
Universal Robots	丹麦	工业机器人
Vecna Technologies	美国	医疗机器人，物流相关机器人
Yaskawa	日本	工业机器人

注：按照企业名称首字母进行排序。

2016 年，日本媒体综合企业技术水平、品牌知名度、配置水平及财务状况，列出全球排名前 10 的工业机器人公司（表 1-2）。

表 1-2　工业机器人 10 强企业

名次	企业名称	国别
第十名	爱德普（Adept robots）	美国→被日本欧姆龙收购
第九名	柯马（Comau）	意大利
第八名	史陶比尔（Stäubli）	瑞士
第七名	爱普生	日本
第六名	不二越	日本
第五名	川崎重工	日本
第四名	库卡（Kuka）	德国
第三名	发那科	日本
第二名	ABB	瑞士
第一名	安川电机	日本

1. 全球第十名：爱德普（Adept robots，美国）→被日本欧姆龙收购

Adept 是一家总部位于加利福尼亚的美国企业，创立于 1983 年。是唯一一个进入全球 10 强的美国企业。但是，2015 年被欧姆龙并购了。

Adept 是在视觉引导机器人领域具备领先优势的系统和服务的供应商。工厂自动化领域能同时确保精准度和高速度，被广泛应用于包装生产线。同时，在汽车工程中主打与通用机器臂所不同的机器人领域。

此外，其在服务机器人（家庭用、护理、医疗机器人）领域也很擅长，未来或将进一步向服务机器人领域扩张。

据公司网站称，爱德普已经在全世界范围内安装了超过 2.5 万名非公司专属的机器人和 3 万多个公司专属的机器人。该公司的收入在 2015 年达到 5420 万美元。

2. 全球第九名：柯马（Comau，意大利）

柯马总部位于意大利，是一家跨国企业。

柯马尤其擅长焊接领域机器人技术。此外，还有冲压车间自动化、

铸造、包装、密封，以及激光焊接行业等多种机器人产品。

员工数量为 1.5 万人（2012 年）。该公司 2013 年度的报告表明，已有超过 3.2 万台柯马机器人安装在世界各地。

3. 全球第八名：史陶比尔（Stäubli，瑞士）

史陶比尔是一家瑞士机械厂商。1982 年开始进军工业机器人领域，擅长纺织装备行业的机器人。史陶比尔机器人用于塑料、电子、光电、生命科学等诸多领域。

据其网站称，该公司 2015 年营业额超过 10 亿美元。

4. 全球第七名：爱普生（日本）

爱普生可能被大家认为是一家打印机厂商，或者手表厂商，实际上，它也生产工业机器人，甚至还是排名全球第七的机器人企业。爱普生最初为其手表生产线的自动化改造而研发了机器人。此后，应用领域不断扩大，如今该公司已经研发出了高精度、高速、紧凑型的工业制造机器人。

该公司已在世界各地安装超过 4.5 万个机器人。2015 年度营业额达到了 154 亿日元（仅机器人解决方案业务）。

5. 全球第六名：不二越（日本）

不二越是一家总部位于日本富山县的机电厂商。1969 年开始从事工业机器人业务，是工业机器人领域的市场先驱。尤其擅长汽车、钢铁行业的焊接，以及搬运领域。

该公司的工业机器人已经在全球范围销售了 10 万多台，2015 年销售额达到了 218 亿日元（仅机器人业务）。

6. 全球第五名：川崎重工（日本）

川崎重工在摩托和造船领域享有盛名，实际上它也生产工业机器人。

川崎重工拥有超过 45 年的工业机器人研发历史，其机器人产品广泛应用于装配工程、搬运、焊接、喷漆、密封等许多工业过程。

该公司在全球范围内安装了超过 12 万台机器人，2015 年销售额就达到了 1331 亿日元（仅机器人业务）。

7. 全球第四名：库卡（Kuka，德国）→被中国美的集团收购

库卡总部位于德国，伴随德国汽车产业发展需求，从很早就开始涉足机器人领域。该公司于 1973 年研发了第一台工业机器人。库卡机器人主要用于汽车工业、塑料、金属、电子及其他制造行业。

该公司 2016 年被中国电子厂商美的集团收购，工业机器人累计全球销售 25 多万台，2015 年销售额达到了 29 亿欧元（整个集团）。

8. 全球第三名：发那科（日本）

发那科总部位于日本山梨县，主要提供自动化产品和服务，如机器人和计算机数控系统等。它是世界上最大的工业机器人制造商之一。

发那科机器人主要应用于航空航天、汽车、消费品等行业。已有 25 万发那科机器人安装在世界各地，2015 年销售额为 6200 亿日元（整个集团）。

9. 全球第二名：ABB（瑞士）

ABB 总部位于瑞士，是在电力、重工业及电子领域具备领先优势的机器人厂商。工业机器人只不过是他们的一项业务，工厂自动化领域有着 40 多年的历史。尤其是欧洲汽车厂商，如大众汽车和宝马等是他们的最大客户。

该公司工业机器人累计全球销售 30 多万台，2015 年销售额为 354 亿美元（整个集团）。

10. 全球第一名：安川电机（日本）

安川电机总部位于日本北九州，是日本一家生产伺服系统、动作控制器、伺服电机、交流电机驱动、开关和工业机器人的制造商。

工业机器人是他们在 20 世纪 80 年代启动的一项新业务，自 1988

年该公司开发出第一个名叫"莫托曼"全电动工业机器人以来,莫托曼机器人已被广泛用于全球。该机器人主要被用于汽车焊接、搬运、装配、喷漆等工业过程中。

创业以来,安川电机秉承技术创新的挑战精神,利用其全球第一的技术实力,以三大业务板块获得了全球第一的市场份额。

(1) 世界第一的伺服电机

安川电机一直以来就是伺服电机的领先企业,按照启动、停止、逆运转等控制器指令工作的伺服电机从 1984 年投入市场以来,累计生产台数超过了 1000 万台,一直保持着全球第一的市场份额。

(2) 世界第一的变频器

安川电机作为电机控制的先锋,其变频器集成了大量创新性的世界首创技术,在业内处于领先地位。自 1974 年世界首个晶体管变频器上市以来,累计生产数量在行业内率先突破 1000 万台,确保其全球第一的市场地位。

(3) 世界第一的工业机器人

安川电机利用其独特的机电控制技术,在 1977 年完成了日本首个全电气式工业机器人"MOTOMAN",开始引领国内外的工业机器人市场。目前,工业机器人累计全球销售 30 多万台,奠定了其全球第一的地位,仅 2015 年度工业机器人销售额就高达 1541 亿日元。

2016 年,世界排名前十名中有 6 家日本企业。工业机器人大多是为了满足汽车行业生产需求,所以在一定程度上,日本机器人企业也可以说是伴随日本汽车厂商的发展而成长起来。

三、机器人的技术构成

机器人涵盖许多技术。主要包括:系统集成技术、感知技术、计算模块、识别技术、判断、控制、传动器等。

（一）系统集成技术

系统集成技术是机器人的重要技术。通过系统集成技术将多项技术融合，按照使用目的构建系统，是机器人开发的关键。迅速开展系统集成的方式方法有很多，近年来，采用模块化和模拟器的方式最为流行。传统机器人的开发过程大多是"从零开始"，每一项功能都要进行研发，效率不高。而机器人中间件出现之后，使得许多功能的再利用性提升了，改变了一直以来的开发方式。

机器人组件的对象模式设计成为对象管理组织（object management group，OMG）标准，已经有了大量的组件。例如，Open RTC-aist 是日本的一个开源的开发包，包括机器人智能模块、移动智能模块、通信模块等，应用这些组件有助于便捷地开发机器人系统。由于这些组件的大多数源代码是公开的，所以很方便开发者去扩充更多的功能。

此外，除了机器人组件之外，开源机器人基金会（open source robotics foundation，OSRF）推动的机器人操作系统（robot operating system，ROS）也正在普及，在 ROS 上可以开发很多的应用软件。与此同时，机器人中间件与机器人操作系统逐步开始兼容，更加提升了机器人系统开发的便利性。

同时，模拟器作为一种用于快速开发的工具也是不可或缺的，目前根据用途不同，有各种各样的机器人开发模拟器。例如，OpenHRP、Webot、Gazebo、Choreonoid 等，都具备模拟离线机器人行动的环境。

（二）感知技术

机器人是一个感知（sense）、判断（plan）、执行（act）的系统。这里所说的"感知"是第一必需要素。人类有 5 种感觉器官（视觉、听觉、嗅觉、味觉、触觉），机器人上广泛使用的有"三觉"传感器，即：视觉、听觉、触觉传感器。同时，还有"激光测距传感器""GPS传感器"等机器人所特有的，人类不具备的感知功能。尤其是，距离图像传感器在近几年来，已经成为机器人自主操作的基础。无人驾驶汽车就是采用了这些传感器，才实现的无人驾驶。

以往，这些传感器由于尺寸大小的关系，嵌入到机器人内比较困难，但是近年来随着精密加工技术的进步，这些传感器在一些小型机器人中也可以使用了。尤其是，加速度传感器、陀螺仪传感器等广被手机所使用的传感器开始越来越小型化、低价化，开始在无人机等需要进行姿势控制的机器人中发挥重要的作用。

（三）计算模块

计算性能的提升让以往计算成本很大的算法也可以实时处理，如图像处理、A* 路径寻找算法等。便携式计算模块也可以进行实时处理，使得机器人的自主操作进程加速了。同时，不仅仅是计算能力，一些计算处理器不断地缩小空间和降低电耗，这也使得智能机器人的小型化成为可能。此外，还有一些大量配置处理器的分散协调控制型机器人的开发也很流行。

（四）识别技术

机器人通过数据处理分析来识别状态。这些识别技术渐渐地开始走入我们的生活之中。例如，手机中用语音识别技术来实现文字输入已经很普遍；汽车中感知车距，将交通事故防患于未然的功能也很多。

这些识别技术大多是作为一个模块由开发商提供的，非常方便使用和实现。比如，机器人中间件或者 ROS 之中，已经大量提供着识别模块。

1. 语音识别

Julius（由日本京都大学和日本信息处理机构联合开发的一个实用高效双通道的大词汇连续语音识别引擎）是用得较多的语音识别引擎。

2. 图像识别

OpenCV（由 Intel 开发的开源计算机视觉库）是用得较多的图像处理库。不仅仅包括基本的图像处理，还包括人脸检测和深度学习等新技术，有望成为通用性较高的图像处理库。

3. 自主定位

对于自主操作机器人来说，自主定位是一项最重要的技术。目前，大多采用蒙特卡罗方法（Monte Carlo method）进行位置测算，即便是机器人处于动态变化的环境之中，也能够实现准确的自主定位。

（五）判断

基于识别后的状态，如何执行，就需要进行判断。也就是所谓的"思考"。比如，判断如何行走，也就是"路经计划"，主要是指为自律移动机器人制定一条规避障碍物，抵达目的地的最优化路径。这里面常用的是代克思托演算法（Dijkstra's algorithm）。

（六）控制

控制是指基于选择好的行动，去"执行"。以往较难控制的步行机器人、飞行机器人等，如今都可以稳定进行控制。

1. 步行机器人

近年来，步行控制理论取得了显著的进展，Bigdog、Petman 等，即便是受到外界的阻力，也能够稳定的保持步行。目前，在美国以

Atlas 为平台的机器人技术研发正处于产业化阶段。

2. 飞行机器人

近年来，四旋翼飞行器（Quadrotor）等飞行机器人具备了便捷的使用环境。通过陀螺仪传感器或加速度传感器的数值，来推测姿势，控制转动，就能够按照规定的轨道飞行。

（七）传动器

传动器一般使用电力驱动，也就是使用电机。此外，还有气压驱动和液压驱动。随着控制技术的进步，应用场景越来越多。

1. 电力驱动传动器

有的电机是独立运转的，但是大多数则是作为控制电路的一部分使用的。在控制电路内，电机与计算机互相通信，能够控制角度和角速度。

2. 气压驱动传动器

气压驱动传动器相对于电力驱动来说，重量较轻，功率较高，所以除了适用于关节驱动之外，还在很多需要跳动功能的机器人中被广泛采用。

3. 液压驱动传动器

液压驱动传动器主要用于大功率需求。例如，4 足步行机器人 Bigdog 就是采用了液压驱动传动器，才实现 107 kg 体重下的 154 kg 负重。

第二节　人工智能让机器人更智能

近年来，随着传感器、人工智能等技术进步，机器人正朝向与信息技术相融合的趋势发展。由此诞生的"自主控制化""数据终端化""网联化"等世界领先技术的机器人正在全世界范围内,不断地获取数据、获得应用,形成数据驱动型的创新。

机器人在这一过程中,在制造、服务领域带动产生新附加值的同时,还将成为在各种信息传达、娱乐和日常通信领域带来极大变革的关键设备。

一、人工智能技术的成熟

人工智能一词最早是在 1956 年达特茅斯会议上首先被提出的。该会议确定了人工智能的目标是"实现能够像人类一样利用知识去解决问题的机器"。由此,也引发了人工智能的第一次高潮。在算法方面,主要致力于研究模拟人的神经元反应过程,从训练样本中自动学习,完成分类任务。但当时,人工智能技术在本质上只能处理线性分类问题,就连最简单的异或题都无法正确分类。许多应用难题并没有随着时间推移而被解决,神经网络的研究也因此开始陷入停滞。

人工智能的第二次高潮始于 20 世纪 80 年代。机器学习成为人工智能发展的新阶段,针对特定领域的专家系统也在商业上获得成功应用,人工智能迎来了又一轮高潮。然而,应用领域狭窄、知识获取困难等问题使得人工智能的研究进入第二次低谷。

人工智能的第三次高潮始于 21 世纪初期。伴随着大数据时代的到来,人工智能有了源源不断的"数据粮食"供给,深度学习等高级机器学习算法的出现引起了广泛的关注,网络的深层结构也能够自动提取并表征复杂的特征,避免了传统方法中通过人工提取特征的问题。同时,深度学习被应用到语音识别及图像识别中,取得了非常好的效果。

麻省理工学院的温斯顿教授认为:"人工智能就是研究如何使计算机去做过去只有人才能做的智能工作。"概括起来,人工智能是研究人类智能活动的规律，并将这些规律数字化，构建成一套系统，然后研究如何让计算机去完成以往需要人的智力才能从事的工作，也就是研究如何应用计算机的软硬件来模拟人类行为的基本理论、方法和技术。

所以，许多人也认为，人工智能的 3 波高潮分别对应为：计算智能、感知智能和认知智能 3 个阶段（图 1-3）。

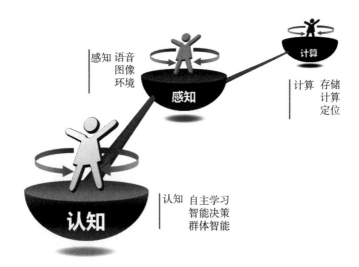

图 1-3　人工智能的 3 个发展阶段

第一个阶段的计算智能已经基本实现。也就是，快速计算和存储能力。22 年前，IBM 的超级计算机"深蓝"创造了一项里程碑：1997 年 5 月 11 日战胜了当时国际象棋世界冠军卡斯帕罗夫，证明了人工智能已经实现了计算智能，而且在某些情况下有不弱于人脑的表现。

感知智能是第二个阶段。随着计算机的普及、物联网传感器可采集大量数据、边缘计算的算力提升，人工智能能够实现机器视觉（看）、语音语义识别（听、说）等。感知智能方面最具代表性的研究项目就是无人驾驶汽车，Google 和百度都希望在这个方面实现突破。无人驾驶汽车用各种物联网传感器对周围的环境进行处理、自动控制，实现自动驾驶。

第三个阶段为认知智能，主要包括深度学习、智能大脑等，是更高级的、类似于人类的智能。

伴随着新一代人工智能技术的发展，真实的应用场景不断地涌现，如智能制造、智能农业、智能物流、智能金融、智能商务、智能家居、智能教育、智能医疗、智能健康与养老、智能政务、智慧法庭、智慧城市、智能交通、智能环保等领域。新一代人工智能与经济社会模型紧密结合，开始发挥出其真正的价值，使得我们发展智能经济、建设智能社会成为可能（图1-4）。

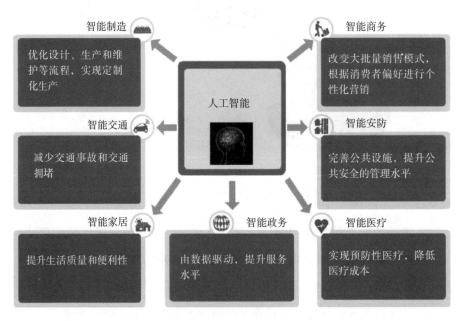

图1-4 人工智能将融入各行各业

2019年3月5日上午，中国国务院总理李克强做政府工作报告时称，要打造工业互联网平台，拓展"智能＋"，为制造业转型升级赋能。同时，政府工作报告还说，要促进新兴产业，加快发展，深化大数据、人工智能等研发应用，培育新一代信息技术、高端装备、生物医药、新能源汽车、新材料等新兴产业集群，壮大数字经济。

这是继"互联网＋"被写入政府工作报告之后，"智能＋"第一次出现在总理报告中。政府工作报告将人工智能升级为"智能＋"，作为国家战略的人工智能正在成为基础设施，逐渐与产业融合，加速经济结构优化升级，对人们的生产和生活方式产生深远的影响。

二、机器人中的人工智能技术

智能机器人实现特定功能有 3 个步骤：感知、处理和执行。实际上这 3 个步骤是由智能机器人的硬件系统和软件系统共同协作完成的。

具体而言，机器人中用到的人工智能技术包括：语音识别、图像识别、生物特征识别，以及专家系统、智能搜索、自动程序设计、智能控制等。

1. 语音识别

人机交互必然向人类自身最自然的语言沟通方式发展，因而语音交互技术具备极高的入口价值，已经逐步融入各项互联网应用中。

语音是人类最自然便捷的沟通方式，机器人"能听会说"是必然的趋势。目前，语音识别技术已经逐步成熟，智能终端、无线网络、云计算平台等环境条件基本完备，这其中包括对自然语言的分析、理解、生成、检索、变换及翻译等方面。

2. 图像识别

图像识别是机器人对图像进行处理、分析和理解，以识别各种不同模式的目标和对象的技术。识别过程包括图像预处理、图像分割、特征提取和判断匹配。简单来说，图像识别就是机器人如何像人一样读懂图片的内容。借助图像识别技术，我们不仅可以通过图片搜索更快地获取信息，还可以产生一种新的与外部世界交互的方式，甚至会让外部世界更加智能的运行。

3. 生物特征识别

生物特征识别技术是目前最为方便与安全的识别技术。因为它不需要使用者牢记复杂的密码，也不需要使用者随身携带钥匙、智能卡之类的物品。由于每个人的生物特征具有与其他人不同的唯一性和在一定时期内不变的稳定性，不易伪造和假冒，所以利用生物特征识别技术进行身份认定，安全、可靠、准确。

（1）人脸识别技术

人脸识别（face recognition），是指给定一个场景的静态图像或动态视频，利用"注册有若干身份已知的人脸图像库"验证和识别场景中单个或者多个人的身份。人脸识别因其非接触、非侵犯和无排斥性成为最友好的生物特征身份认证技术，被广泛应用于安全访问控制、视觉检测、基于内容的检索和新一代人机界面等领域。

（2）声纹识别

声纹识别（voiceprint recognition），通常也被称为话者识别（speaker recognition），分为两类，即话者辨认（speaker identification）和话者确认（speaker verification）。前者用以判断某段语音是若干人中的哪一个所说的，是"多选一"问题；而后者用以确认某段语音是否是指定的某个人所说的，是"一对一判别"问题。不同的任务和应用会使用不同的声纹识别技术，例如，缩小刑侦范围时可能需要辨认技术，而银行交易时则需要确认技术。不管是辨认还是确认，都需要先对说话人的声纹进行建模，这就是所谓的"训练"或"学习"过程。

4. 专家系统

专家系统是采用多种人工智能语言，综合采用各种知识表示方法和多种推理机制及控制策略，并开始运用各种知识工程语言、骨架系统及专家系统开发工具和环境来研制的大型综合专家系统。具体表现为，使用多种知识表示、综合知识库、自组织解题机制、多学科协同解题与并行推理、专家系统工具与环境、人工神经网络知识获取及学习机制等最新人工智能技术来实现具有多知识库、多主体的第四代专家系统。

5. 智能搜索

智能搜索能提供传统的快速检索、相关度排序等功能。在机器人中，具体体现为，自动识别外部需求、内容的语义理解、智能信息化过滤和推送等功能。

6. 自动程序设计

根据百度百科的定义，自动程序设计是采用自动化手段进行程序设计的技术和过程。后引申为采用自动化手段进行软件开发的技术和过程。其目的是提高软件生产率和软件产品质量。按广义的理解，自动程序设计是尽可能借助计算机系统（特别是自动程序设计系统）进行软件开发的过程。按狭义的理解，自动程序设计是从形式的软件功能规格说明到可执行的程序代码这一过程的自动化。自动程序设计在软件工程、流水线控制等领域均有广泛应用。

7. 智能控制

智能控制是具有智能信息处理、智能信息反馈和智能控制决策的控制方式，是控制理论发展的高级阶段，主要用来解决那些用传统方法难以解决的复杂系统的控制问题。智能机器人通过智能控制技术，能够在结构化或非结构化的，熟悉的或陌生的环境中，自主地或与人交互地执行人类规定的任务。智能机器人本身也可以认为是自主地实现其目标的一种机器。

第三节 新一代的智能机器人

最近几年，随着美国、德国、日本等国家对机器人产业的大量投入，机器人的技术发展日新月异。机器人从单体作业机器人正在向自主学习、自主行动的机器人发展。

除了传感器技术、软件信息处理能力等各种技术进步之外，深度学习等人工智能技术（图像与语音识别，机械学习）的跨越式发展，也推动了机器人自身能力进一步提升，使机器人不断能够从事更加高级的工作。也就是说，机器人从过去的简单重复性劳动，变得能够互联、协同工作，甚至与人一样了。

智能化将是机器人未来发展的必然方向，智能机器人将成为具有感知、思维和行动功能的机器，可以获取、处理和识别多种信息，自主地完成较为复杂的操作任务，比一般的工业机器人具有更大的灵活性和更广泛的应用领域。

语言交流功能越来越顺畅。在人工智能语音搜索引擎接口的帮助下，智能机器人能够轻松地掌握多个国家的语言，远远高于人类的学习能力。同时，还能进行自我的语言词汇重组，就像汽车导航那样，根据场景自动地重组词汇：前方路口左转、第二个路口左转、第三个路口左转……这也相当于人类的学习能力和逻辑能力，是一种智能化的表现。

动作运动功能越来越完美。此前的机器人虽然也能模仿人的部分动作，不过相对僵化，或者动作比较缓慢。未来，智能机器人将拥有更灵活的类似人类的关节和仿真人造肌肉，动作更像人类，模仿人的所有动作。这样一来，智能机器人能做的动作是多样化的，如招手、握手、走、跑、跳等各种姿势，甚至可能做出一些普通人很难做出的动作，如空翻、高难度体操等。

逻辑分析能力越来越强大。例如，利用新一代人工智能技术，进行识别动作、语音合成、自动导航和规划路径、躲避障碍物和自动驾驶等。

外观容貌越来越像人类。拟人机器人（类人机器人）是主要以人类自身形体为参照对象的智能机器人之一。拟人机器人通常会有一个很仿真的人形外表，在这一方面日本、韩国和美国相对领先。当近似于人的完美的人造皮肤、人造头发、人造五管等恰到好处地遮盖于金属内在的机器人身上时，远处乍看仿佛真人。当走近时，细看才发现原来只是个智能机器人，对于未来智能拟人机器人，仿真程度很有可能达到即使你细看它的外在，你也只会把它当成人类，很难分辨是否为机器人。

据英国《每日镜报》网站报道，2017年10月25日，沙特阿拉伯政府在首都利雅得举行的未来投资倡议会议上宣布"赋予索菲亚（Sophia）机器人以公民权"——此举意味着，将它关掉或拆除是非法的。由此，沙特阿拉伯也成为首个赋予机器人以公民权的国家。

"索菲娅"是以制造类人机器人闻名的美国汉森机器人公司（Hanson Robotics）制造的。在被赋予公民权后，这个名为"索菲娅"的机器人发表讲话。它说："我对这一殊荣感到非常荣幸和自豪"，"成为世界上首个被确认享有公民权的机器人，是历史性的。"

随后，沙特阿拉伯文化部也证实称："请欢迎最新的沙特人，'索菲娅'。"

在《新一代人工智能发展规划》中，首项任务就是构建开放协同的人工智能科技创新体系，围绕提升我国人工智能国际竞争力的迫切需求，新一代人工智能关键共性技术的研发部署要以算法为核心，以数据和硬件为基础，以提升感知识别、知识计算、认知推理、运动执行、人机交互能力为重点，形成开放兼容、稳定成熟的技术体系（图1-5）。

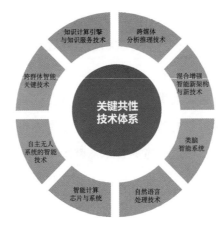

图 1-5　新一代人工智能关键共性技术体系

　　自主无人系统的智能技术是建立新一代人工智能关键共性技术体系之中的重要一项，也是实现新一代智能机器人必不可少的技术创新环节。所以在《新一代人工智能发展规划》中，明确提出要研究无人机自主控制和汽车、船舶、轨道交通自动驾驶等智能技术，服务机器人、空间机器人、海洋机器人、极地机器人技术，无人车间／智能工厂智能技术，高端智能控制技术和自主无人操作系统。研究复杂环境下基于计算机视觉的定位、导航、识别等，机器人及机械手臂自主控制技术。

　　研制自主无人系统，如今成为人工智能发展的标志性成果。自主无人系统的智能化水平的提高将更能够体现人类特征，更接近人类水平，因而可以大力推进科技与经济的快速发展，进一步提高人类的生活质量。在未来10年到20年，自主无人系统产业将成为世界经济进步的新引擎，引领智能产业与智能经济的发展。

　　在空间探测领域，需要研究面向在轨操作任务自主决策的多臂机器人协同控制技术，基于深度沉浸感的大时延条件下空间机器人深度学习及远程遥操作技术，以及下一代模块化可更换智能航天器系统自主识别与重构技术，为构建自主运行的月面无人科研站提供技术支撑。

在深海探测领域，重点研究基于海洋声学的环境建模和目标识别技术，基于自主计算的多主体多使命多任务的协同智能自主控制技术和基于水声通信的异构海洋机器人组网和协同导航定位技术。

在极地科考领域，研究冰雪盖、强磁场、寒冷环境下的变结构移动、驱动、电池保护技术；抗大风、长航时、重负载吊仓飞行器结构、导航与控制技术；高纬度极地冰下远程通信、自主导航与回收及极区广义行为环境自主认知与理解，为不同场景下的机器人应用提供技术支撑。

预计，我国 2020 年可实现科考机器人在极地的试验应用，空间机器人模块化可重构航天器地面试验验证，单体海洋机器人可完成结构环境下的自主作业。2030 年，完成智能极地科考机器人实用化，实现极地科考站无人值守；实现空间机器人模块化可重构遥感卫星星座系统在轨示范应用和集群机器人登月，构建自主运行的月面无人科研站及群体海洋机器人覆盖全球海域的自主探测与作业，实现从信息型到作业型的转换。

在机器人领域，我国将攻克服务机器人在非结构化环境实时建模、自然语言理解、情感交流、精微安全操作等关键难点问题，实现家政清洁服务机器人、护理机器人、微创机器人等产品的应用及其产业化发展。2020 年，在教育、娱乐、消费、清洁、接待等服务领域实现大规模服务机器人应用，并开始占领国际市场；情感交互与护理助老助残机器人、医疗服务机器人在养老院、大医院开展应用示范。2030 年，实现中国品牌家政服务机器人市场占有率第一。情感交互与护理助老助残机器人、医疗服务机器人在社区、家庭和一般医院广泛应用。

在无人车间／智能工厂方面，到 2020 年，我国会建立以数据驱动的无人车间／智能工厂的体系架构和标准体系，并在重点行业进行示范应用。2030 年，形成人机协同的无人车间／智能工厂完整的体系、技术与标准，并实现以知识驱动的无人车间／智能工厂在重点行业的广泛应用，包括自适应建模、多尺度预测控制、实时联合优化、快速精确软测量等方法与工程应用技术；攻克智能装备全生命周期的高安全性、高可靠性、高实时性、高精确性等难题，全面应用于千万吨级炼油工程、百万吨级乙烯工程、1000 MW 火电工程、1000 MW 核电工程、400 万吨煤制油、煤制气等特大型工程。

随着各种技术的进步，新一代智能机器人的未来呈现出多样化的发展趋势。然而，作为一种基于先进的自主无人系统的智能技术的新一代智能机器人，未来无论是工业用还是服务用，都是注定要向低人工干预、高自主性、高智能化的方向发展。

第二章

为什么需要智能机器人

随着智能机器人的普及和应用，越来越多的简单性、重复性、危险性任务将由智能机器人完成；精准化智能服务更加丰富多样，人们能够最大限度地享受高质量服务和便捷生活；社会治理智能化水平也将大幅提升，社会运行更加安全高效。

第一节　制造强国的重大需求

制造业是我国经济高速增长的引擎。目前，我国尚处于工业化进程的中后期，制造业创造了 GDP 总量的 1/3，贡献了出口总额的90%，未来几十年制造业仍将是我国经济的支柱产业。但是，由于劳动力成本上涨及制造业领域的技术进步，随着发达国家纷纷出台重振制造业的强力政策，部分制造业企业开始从我国迁出，也有部分跨国企业为了节省成本，将目光转向工资低廉的东南亚地区。同时，越南、印度等亚洲发展中国家也在致力于加快经济结构调整和产业升级，争相吸引发达国家的产业转移。可以说，全球制造业正面临新的变革。

与此同时，随着我国劳动力成本快速上涨，人口红利逐渐消失，

生产方式向柔性、智能、精细化转变，大规模采用智能机器人，构建
以智能制造为根本特征的新型制造体系迫在眉睫。因此，制造强国建
设对工业机器人的需求将呈现大幅增长。

一、机器人对制造业的重要意义

我国机器人研发起步于 20 世纪 70 年代，近年来，在一系列政策
支持及市场需求的拉动下，我国机器人产业快速发展。自 2013 年起，
我国成为全球第一大工业机器人应用市场，从 2013 年至 2017 年，我
国工业机器人产业平均规模增速超过 15%，平均增长率高达 30%。

根据国际机器人联盟（IFR）的统计，2016 年全球工业机器人数
量超过 182.8 万个。2020 年预计达到 305.3 万个。从分布区域来看，
拥有工业机器人最多的是中国，2020 年将达到 95.03 万个，占到 2020
年全亚洲区域 190 万工业机器人的半数左右（表 2-1）。

表 2-1 国际机器人联盟（IFR）的统计与预测

单位：个

国家	机器人数量		国家	机器人数量	
	2016 年	2020 年		2016 年	2020 年
英国	18 471	22 900	中国	339 970	950 300
德国	189 270	229 000	韩国	246 374	381 500
法国	33 384	42 100	日本	287 323	315 800
意大利	62 068	71 000	泰国	28 182	38 300
西班牙	30 811	41 600	北美（美国、加拿大、墨西哥）	285 143	429 700
印度	16 026	30 400	巴西	11 732	18 900

虽然我国机器人产业已经取得了长足进步，但与工业发达国家相

比，还存在较大差距。主要表现在：机器人产业链关键环节缺失，零部件中高精度减速器、伺服电机和控制器等依赖进口；核心技术创新能力薄弱，高端产品质量可靠性低；机器人推广应用难，市场占有率亟待提高；企业"小、散、弱"问题突出，产业竞争力缺乏；机器人标准、检测认证等体系亟待健全。

1. 智能机器人帮助制造业直面人口老龄化的挑战

中国正面临人口老龄化的挑战，就业倾向未来制造业适龄人口快速减少。根据国家统计局数据显示，2017 年年末，中国大陆总人口（包括 31 个省、自治区、直辖市和中国人民解放军现役军人，不包括香港、澳门特别行政区和台湾省及海外华侨人数）139 008 万人，比上年末增加了 737 万人。从年龄构成来看，16 ～ 59 周岁的劳动年龄人口为 90 199 万人，占总人口的比重为 64.9%；60 周岁及以上人口为 24 090 万人，占总人口的 17.3%，其中 65 周岁及以上人口为 15 831 万人，占总人口的 11.4%（图 2-1）。

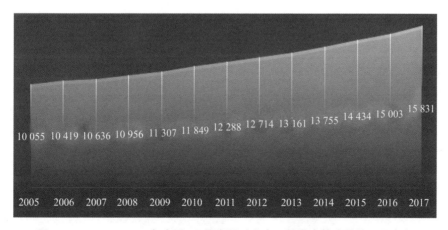

图 2-1　2005—2017 年中国 65 周岁及以上人口数量走势（单位：万人）

适龄人口减少对未来制造业的发展将产生持续影响。同时，"90 后"

和"00后"的年轻人对从事简单重复劳动的意愿较低，中国制造业已经出现员工稳定性下降的趋势。智能机器人将为企业生产制造的持续发展创造动力。

劳动力人口减少的直接影响是用工成本上升，劳动力成本上升导致中国制造业的竞争力迅速下降。许多跨国公司将工厂搬向劳动力成本更低的地方。

中国是全球最大的电子产品生产基地。但是，由于物价带动人工费用上涨，智能手机和个人电脑等电子产品的代工企业为寻求廉价劳动力，已开始加速进行工厂转移。世界最大的电子产品代工企业富士康，最终选择了劳动力成本较为低廉的贵州省，甚至还有远走东南亚的打算。

代工企业主要依靠人海战术进行组装作业，因此，廉价劳动力不可或缺。富士康于1988年进驻广东深圳，随后为了寻找人工更加低廉的地区，应对劳动力资源紧张，逐渐将工厂向中西部迁移，以降低用工成本。这些中西部地区包括山西太原（2003年）、重庆市（2009年）、四川成都（2010年）、河南郑州（2010年）等，富士康还于2011年前后开始将一部分生产设备和人员从深圳转移到中西部地区的各工厂（图2-2）。

可以说，作为代工企业，劳动力问题始终是富士康的一大难题。富士康也可能在不断思考：下一个成本更低的工厂设在哪里？

对于一些欠发达的中西部地区而言，富士康的工作仍然具有一定吸引力。比如贵州省，2012年农村贫困人口923万，其一类区的月最低工资标准也仅为1030元。

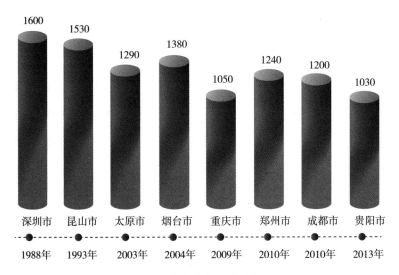

图 2-2　富士康主要选址与路径

资料来源：日经新闻（作者改译）。

注：数字为各城市 7 月最低月工资（单位：元）。

2. 智能机器人提升制造业劳动生产率

第一次工业革命是机械取代人力，第二次工业革命是自动取代手动，第三次工业革命使得制造业迎来信息技术和自动化。落后的人力劳动已经无法满足现代化制造业的需求，一些发达国家很早就开始投入工业机器人等自动化技术去提升生产力。

从国际比较视角来看，中国的单位劳动产出较低。以 2015 年为例，世界平均单位劳动产出为 18 487 美元，中国是 7318 美元，不到全球平均水平的 40%。而美国同期数据为 98 990 美元，是我们的 14 倍。因此，以智能机器人等高端生产技术提高中国劳动生产率时不我待。

通俗地讲，人口红利是指某一阶段，社会中适龄劳动人口多，老人和儿童少，会出现一个劳动力资源相对丰富、社会抚养负担轻，整个国家呈现高储蓄、高投资和高增长的"黄金时期"。

对我国来说，现在这一时期正在过去。根据国家统计局公布的数据显示，我国劳动年龄人口连续 3 年下降，2012 年减少了 345 万，2013 年减少了 244 万，2014 年又减少了 371 万。劳动力开始呈现出严重短缺。

人口红利正在消失，人工成本不断提高，使许多原本利润微薄的企业几乎没有了利润，而大量的人工操作，也不利于质量控制和企业管理；另外，机器人技术正在快速发展，价格不断下跌。正因为如此，制造业的许多工厂开始加快用机器人取代工人的步伐，也就是"机器换人"。现在工业机器人主要用于汽车工业、机电工业、通用机械工业、建筑业、金属加工、铸造及其他重型工业和轻工业部门。

毫无疑问，"机器换人"可大幅提高劳动生产率。"招工难"也已成为近年的普遍现象，特别是在劳动密集型企业表现得尤为突出，北京、上海、深圳、广州等一线城市劳动力市场频现"用工荒"。 而一个机器人则相当于 3 个人。因为，工人是 8 h 工作制，而机器人可以 24 h 不间断工作。

数据显示，2000 年以来，我国城镇单位就业人员平均工资始终保持每年 10% 以上的增长，2013 年全国城镇非私营单位就业人员年平均工资达到 51 474 元，与 2012 年相比名义增长了 10.1%。而机器人则不需要支付工资。如果按照购买价格除以使用年限来计算"工资"的话，相当于每月不到 1000 元的工资成本。可以说，"机器换人"将弥补大量制造业劳动力，缓解"用工荒"现象。

"机器换人"是以现代化、自动化的装备提升传统产业，推动技术红利替代人口红利。通过"机器换人"不仅能够提高劳动生产率、解决用工难题，还能提升职业健康和安全生产水平，将成为工业企业转型升级的必然选择。

因此，各地纷纷出台"机器换人"行动计划。2013 年 11 月，浙江省嘉兴市发布《嘉兴市 2014 年度"机器换人"专项行动方案》；2013

年 12 月，浙江省杭州市发布《关于开展"机器换人"工作三年行动计划（2013—2015 年）》；2014 年 7 月，佛山市顺德区发布《关于推进"机器代人"计划 全面提升制造业竞争力实施办法》；2014 年 8 月，东莞市政府发布《东莞市推进企业"机器换人"行动计划（2014—2016 年）》。尤其是 2014 年，随着"东莞一号文件"及各项扶持政策的出台，"机器换人"在珠三角的制造业重镇——东莞打响了"第一炮"，并在全国掀起了一场"机器换人"的浪潮。通俗来讲，"机器换人"就是在用工紧张和资源有限的情况下，通过提升机器的办事效率，来提高企业的产出效益。"机器换人"是以"现代化、自动化"的装备提升传统产业，利用机械手、自动化控制设备或流水线自动化对企业进行智能技术改造，实现"减员、增效、提质、保安全"的目的。

主要目标是，要在电子、机械、食品、纺织、服装、家具、鞋业、化工、物流等重复劳动特征明显、劳动强度大、有一定危险性的行业领域企业中，特别是劳动密集型企业中全面推动实施"机器换人"，并重点推进工业机器人智能装备和先进自动化设备的推广应用和示范带动，实现"减员、增效、提质、保安全"的目标要求，进一步优化人口结构，提高企业劳动生产率和技术贡献率，培育新的经济增长点，加快产业转型升级。

在劳动密集型产业时代，有劳动力规模就有产量，有产量就有销量；而如今，只有站在技术高端，才能不被淘汰，才能转型升级。"机器换人"已成为促进制造业转型升级的重要手段之一，甚至决定着产业的未来走向——由低成本价格竞争走向高附加值竞争，推动整个产业业态由低端走向高端。

二、我国机器人产业发展历程

在美国和日本，机器人产业已经发展了数十年，而我国起步较晚，经历了漫长的探索期之后，直到 2015 年才迎来重大发展转机。

（一）第一阶段：1996—2014 年（探索期）

1996—1997 年，发那科、安川电机等国际知名机器人企业开始进驻中国。经历了 10 多年的引进、消化、吸收和创新摸索，直到 2012—2013 年，国家级政策才开始密集出台，为市场启动期做好了准备。

2012 年 4 月，科技部印发《服务机器人科技发展"十二五"专项规划》，要求把服务机器人产业培育成我国未来战略性新兴产业。专项将重点围绕"一个目标，三项突破，四大任务"进行部署。一个目标是指培育发展服务机器人新兴产业，促进智能制造装备技术发展；三项突破是指突破工艺技术、核心部件技术和通用集成平台技术；四大任务是指重点发展公共安全机器人、医疗康复机器人、仿生机器人平台和模块化核心部件等。

2012 年 5 月，工业和信息化部出台了《智能制造装备产业"十二五"发展规划》，围绕重大智能制造成套装备研发及智能制造技术的推广应用，开发机器人、感知系统、智能仪表等典型的智能测控装置和部件并实现产业化。

2013 年 2 月，发展改革委、财政部、工业和信息化部联合发布《关于组织实施 2013 年智能制造装备发展专项的通知》，重点支持数字化车间、智能测控系统与装置的研发应用，以及智能制造系统在典型领域的示范应用项目。

2013 年 12 月，工业和信息化部再度推出《关于推进工业机器人产业发展的指导意见》，计划到 2020 年，形成较为完善的工业机器人产业体系，培育 3 ~ 5 家具有国际竞争力的龙头企业和 8 ~ 10 个配套产业集群；工业机器人行业和企业的技术创新能力及国际竞争能力明显增强，高端产品市场占有率提高到 45% 以上，机器人密度（每万名员工使用机器人台数）达到 100 以上，基本满足国防建设、国民经济和社会发展需求。提出未来国产机器人应用的重点领域是：汽车及零部件、纺织、物流、国防军工、制药、半导体、食品等行业。

2014 年 6 月，习近平总书记在中国科学院第十七次院士大会，中国工程院第十二次院士大会上，提到机器人革命及他的思考，机器人再次受到了政府、产业界、学术界等各方关注。

（二）第二阶段：2015 年（市场启动期）

根据美国波士顿咨询集团（BCG）发布的报告显示，对于中国这个全球制造业出口大国，工业机器人将为其节省约 18% 的劳动力成本。过去 20 年，受益于廉价劳动力，中国经济实现了快速发展，但现在正面临着工资上涨带来的挑战。

经历长达 18 年的探索期，中国正在大踏步地跨入这个时刻。数据显示，2013 年，中国市场共销售工业机器人近 3.7 万台，约占全球销量的 1/5，总销量超过日本，成为全球第一大工业机器人市场。根据国际机器人联盟（IFR）的预测，到 2020 年，这个体系产业销售收入将达到 3 万亿元。

2015 年，我国机器人市场正式进入启动期。同时，2015 年 5 月份国务院出台的《中国制造 2025》，也将中国机器人产业的发展列为重点领域，并计划到 2025 年，将我国机器人产业培育成为具有国际竞争力的先导产业，建立完善的机器人产业体系，成为世界领先的机器人研发、制造及系统集成中心，下一代机器人研发与产业化实现明显突破，具备自主知识产权的服务机器人实现批量规模生产，在人民生活社会服务和国防建设中普及应用。

2016 年 4 月 27 日，工业和信息化部、发展改革委、财政部等三部委联合印发了《机器人产业发展规划（2016—2020 年）》，为"十三五"期间我国机器人产业发展描绘了清晰的蓝图。其中明确提到，到 2020 年，自主品牌工业机器人年产量达到 10 万台，六轴及以上工业机器人年产量达到 5 万台以上。服务机器人年销售收入超过 300 亿元。培育 3 家以上具有国际竞争力的龙头企业，打造 5 个以上机器人配套产业集群。

在工业机器人领域，聚焦智能生产、智能物流，攻克工业机器人关键技术，提升可操作性和可维护性，重点发展弧焊机器人、真空（洁净）机器人、全自主编程智能工业机器人、人机协作机器人、双臂机器人、重载 AGV 等 6 种标志性工业机器人产品，引导我国工业机器人向中高端发展。

在服务机器人领域，重点发展消防救援机器人、手术机器人、智能型公共服务机器人、智能护理机器人等 4 种标志性产品，推进专业服务机器人实现系列化，个人／家用服务机器人实现商品化。

而且，《机器人产业发展规划（2016—2020 年）》对以上十大标志性产品技术、规格和功能都制定了一定的规范标准。例如，智能型公共服务机器人，导航方式为激光 SLAM，最大移动速度 0.6m/s，定位精度 ±100mm，定位航向角精度 ±5°，最大工作时间 3 h，手臂数量 2，单臂自由度 2-7，头部自由度 1-2，具备自主行走、人机交互、讲解、导引等功能。

同时，《机器人产业发展规划（2016—2020 年）》确立要建立机器人产业标准和机器人检测认证体系，支持企业参与制修订标准，按照产业发展的迫切度，研究制定一批机器人国家标准、行业标准和团体标准。

三、我国机器人产业现状分析

（一）优势

机器人在我国工业领域一直都有广泛应用，尤其是电子信息制造业和汽车行业的应用制造都已经广泛采用机器人。其他领域的应用包括：纺织、交通运输等。根据发达国家经验统计，采用工业机器人的成本只有人工成本的1/4。尤其是在制造业领域利润空间严重压缩、人口红利消失、劳动力成本上涨、工业转型升级迫在眉睫之时，结构调整正逢其时。在这些背景下，工业机器人的应用为中国制造走向中国智造提供了极大的契机。也就是说，在我国机器人将迎来巨大的应用市场。

虽然，目前在我国尚缺乏对机器人产业的科学统计，但是毫无疑问，近些年来，中国机器人市场规模不断增长，已成为世界上增长最快的市场。

据了解，工业和信息化部有关司局正准备对工业机器人产业及应用情况进行调研与摸底。而目前的数据资料主要是来自国际机器人联盟（IFR）。从市场数据来看，中国 2003 年的需求仅约为 1500 台，至 2013 年的 28 200 台（业内估计值），已经在 10 年里增加约 17 倍，与日本并驾齐驱。而到 2015 年达到 3.4 万台，比日本多出 3000 台，到 2016 年中国将成为全球最大的工业机器人市场。根据机器人产业联盟较为准确的统计结果来计算，我国工业机器人销量从 2008 年的 7690台增加到 2012 年的 25 870 台，年均复合增长率达 35.4%。

我国目前工业机器人使用密度仍然远远低于全球平均水平，离日本、韩国、德国等发达国家更是有很大差距。韩国是全球工业机器人使用密度最高的国家，每 1 万名工人中拥有机器人数量 396 台；日本次之，339 台；德国位居第三，267 台；中国仅为 23 台，不及国际平均水平 58 台的一半。目前，工业机器人的应用在我国比例为 6.4%，日本为 26.6%，美国为 13.8%，德国为 13.6%，韩国为 10.8%。我国未来工业机器人市场发展潜力巨大。

现如今，中国正在快速大规模应用机器人。2005 年，年机器人安装数量（流量）仅有 4000 台；而在 2013 年，就已经突破 3.7 万台，超过了日本，成为世界第一。

（二）劣势

我国机器人的进口依赖度极高，国产品牌亟待发展。数据显示，全球机器人四大巨头为瑞典 ABB，德国库卡（KUKA），日本发那科（FANUC），日本安川（YASKAWA），这 4 家公司的市场占有率达 60%，而在中国，这一比率更高。2012 年，国产品牌的工业机器人企业在中国市场占有率仅为 4%。

其原因主要体现在 3 方面。

第一，缺乏对机器人产业认识的高度。各地方政府纷纷大力发展工业机器人产业，显然是随着富士康百万机器人建设计划，才意识到机器人产业的发展潜力。但是机器人产业也有配套的上下游链条，并不是每一个地方或园区都适合发展。而且这种粗放式跟风发展模式，必将引起产能过剩、竞争加剧的局面，难以做实。

第二，核心技术及专利支撑不足。机器人技术属于跨学科、跨领域的融合技术，既有硬件、自动化，又涉及软件、互联网。目前，我国机器人技术与国外先进技术相比，有着明显的差距。首先是，机器人零部件的精密制造整体水平不高，关键零部件技术空白，严重依赖进口。这种被动局面造成了国产机器人成本居高不下，受制于人，制约了产业向成熟期过渡的进程。据了解，机器人的关键零部件主要包括减速机、控制器、伺服电机和驱动器，占工业机器人总体成本的大部分。据了解，目前在高精度机器人减速机方面，市场份额的80%以上被日本的两家公司垄断。在伺服电机和驱动器方面，主要由德国西门子等公司提供。

第三，缺乏规模化自主创新。我国尚未形成规模较大的本土机器人研发制造和集成服务企业。整个市场明显缺乏国产品牌产品，大多是日本或欧美的企业。一些创新性技术研发在实现商用过程中也非常不顺利。主要是由于机器人的相关技术需要长期的积累和沉淀，而我国目前的研发还处于零散状态，没有有效的贯通，且缺乏系统而持续的发展模式。也就是说，尽管我国部分研究机构的研发成果较多，但大多停留在实验室阶段，没有完成向市场应用的转化。

（三）挑战

中国即将成为全球最大的机器人需求市场。大量工业机器人正在制造业的流水线上成为主力军，大量服务机器人也将在各个行业领域"闪亮登场"。正在进行的"机器人革命"对我国来说将有哪些挑战？

首先，倒逼中国经济转型。我国在出口导向型和劳动力密集型经济发展模式下，实现了过去10多年的高速发展。但是，新一代信息通信技术快速发展并与制造技术深度融合，正引发制造业发展理念、制造模式、制造手段、技术体系和价值链产生重大变革。诸如在美国、德国等先进国家的制造业战略规划中提出的基于数字化、网络化、智能化制造技术的敏捷化、绿色化、协同化、个性化、服务化、柔性化的智慧制造理念、模式和手段。于是，欧美等发达国家正在进行的以智能制造和机器人为核心的新一轮工业革命会给中国以低价劳动力为中心的低端制造模式带来巨大冲击，也会倒逼中国经济发展模式结构性转型。

其次，冲击劳动力市场。我国整体上处于"工业2.0补课、工业

3.0普及、工业4.0示范"的综合阶段,与德国工业4.0阶段相比,我国许多实体制造业仍然处于工业2.0阶段,也就是劳动密集型产业仍将长期存在。那么,机器人时代的到来,无疑会激烈冲击劳动力市场。

最后,传统机器人亟待向智能机器人升级。工业4.0在德国被认为是机械化(第一次)、电气应用(第二次)、自动化(第三次)之后的第四次工业革命——智能化。工厂车间里的机器人也将随之发生进化。它们不再是"单打独斗",按照设计好的程序,从事着简单重复性工作。而是通过物联网和互联网,机器人之间也将形成"协同合作",能够开展更加高级的作业。我国工厂里大规模应用的机器人如何升级,何时升级成为智能机器人,也是一项极大的挑战。

(四)机遇

我国机器人的发展地位与中国制造的发展地位是类似的。目前主要集中在中低端领域,缺乏国际竞争力。但是,随着"新一轮工业革命"即将到来,智能制造时代将随之开启。而工业机器人则是智能制造的重要标志之一。随着工业转型升级的推进,人口红利的消失,我国工业机器人的发展也迎来了巨大的机遇。

先进技术在制造业领域的大规模应用,将带动机器人技术的进步,应用的成熟。由此,未来机器人应用的规模和应用的范围都将高速增长,一旦应用到服务行业或者家庭消费领域,那么,它的潜力就会爆发出来。比如:医疗护理机器人,这个量级可能就会更大,所以从真正成长性来讲,应用于老百姓的家居或者家庭应用等机器人,如果一旦有所突破,才是这个行业大的井喷时期,也是拥有13亿人口庞大市场的机器人的重大机遇。

第二节 工业智能化升级的必由之路

传统工业自动化只是单纯的控制，未来工业智能化则是在控制的基础上，通过物联网传感器采集海量生产数据，通过互联网汇集到云计算数据中心，然后通过信息管理系统对大数据进行分析、挖掘，从而制定出正确的决策。

这些决策附加给自动化设备的是"智能"。工业智能化将提高生产灵活性和资源利用率，增强顾客与商业合作伙伴之间的紧密关联度，并提升工业生产的商业价值。

一、第四次工业革命正在孕育发生

德国作为制造业大国，于 2013 年 4 月开始实施工业 4.0 的国家战略，希望在未来制造业中的各个环节应用互联网技术，将数字信息与现实社会之间的联系可视化，将生产工艺与管理流程全面融合。由此，实现智能工厂，生产出智能产品。工业 4.0 在德国被认为是第四次工业革命，旨在支持工业领域新一代革命性技术的研发与创新，保持德国的国际竞争力。制造业在德国的国民经济中占 26%，作为提升传统制造业的战略发展方向，实施工业 4.0 是德国政府顺应全球制造业发展新趋势，推进智能制造新模式的客观要求（图 2-3）。

（一）工业革命 1.0

18 世纪末期始于英国的第一次工业革命，19 世纪中叶结束。这次工业革命的结果是机械生产代替了手工劳动，经济社会从以农业、手工业为基础转型到了以工业及机械制造带动经济发展的模式。

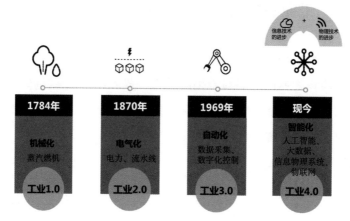

图 2-3　工业 4.0：正在发生的第四次工业革命

（二）工业革命 2.0

第二次工业领域大变革发生在 19 世纪后期，以"电气化"为标志，开始形成生产线生产的阶段。通过零部件生产与产品装配的成功分离，开创了产品批量生产的新模式。

（三）工业革命 3.0

第三次工业革命始于第二次工业革命过程中发生的生产过程的高度自动化。始于 20 世纪 60 年代并一直延续到现在，随着电子与信息技术的广泛应用，使得制造过程不断实现自动化。自此，机械能够逐步替代人类作业。

（四）工业革命 4.0

未来 10 年，第四次工业革命将步入"智能化"生产的新时代。工业 4.0 通过模拟计算出最佳生产方式再反馈到现实工厂中，实现智能制造，进行实时管理。智能制造中的生产设备具有感知、分析、决策、控制等功能，是先进制造技术、信息技术的集成和深度融合。智能生产过程中，传感器、智能诊断和管理系统通过网络互联，使得由程序控制上升到智能控制，从而制造工艺能够根据制造环境和制造过程的变化，进行实时优化，提升产品的质量和生产效率。

正在发生的工业 4.0，对于我们来说是机遇还是挑战？在制造业领域的市场中，必然会出现采用新的商业模式的企业。传统制造业或许还会存留在市场中，但是为了应对新的竞争对手，它们的经营管理者一定会在工业革命期间改变它们的组织结构、管理流程和业务功能。智能手机、可穿戴设备之所以能够成功，不仅仅因为它们是新事物，更重要的是紧随其后的消费文化转变和社会转型。

过去的制造业只是一个环节，但随着互联网进一步向制造业环节渗透，网络协同制造已经开始出现。制造业的模式将随之发生巨大变化，它会打破传统工业生产的生命周期，从原材料的采购开始，到产品的设计、研发、生产制造、市场营销、售后服务等各个环节，构成了闭环，彻底改变制造业以往仅是一个环节的生产模式。在网络协同制造的闭环中，用户、设计师、供应商、分销商等角色都会发生改变。与之相伴而生的是，传统价值链也将不可避免地出现破碎与重构。

工业 4.0 代表新一轮工业革命的背后是智能制造，是向效率更高、更精细化的未来制造发展。信息技术使得制造业从数字化走向了网络化、智能化的同时，传统工业领域的界限也越来越模糊，工业和非工业也将渐渐地难以区分。制造环节关注的重点不再是制造的过程本身，而将是用户个性化需求、产品设计方法、资源整合渠道及网络协同生产。所以，一些信息技术企业、电信运营商、互联网公司将与传统制造企业紧密衔接，而且很有可能它们将成为传统制造业企业的，乃至于行业的领导者。

二、智能制造成为未来制造业的新模式

新一代信息通信技术的发展，催生了移动互联网、大数据、云计算、工业可编程控制器等的创新和应用，推动了制造业生产方式和发展模式的深刻变革。在这一过程中，尽管德国拥有世界一流的机器设备和装配制造业，尤其在嵌入式系统和自动化工程领域德国更是处于领军地位，但德国工业面临的挑战及其相对弱项也显而易见。一方面，机械设备领域的全球竞争日趋激烈，不仅美国积极重振制造业，亚洲的机械设备制造商也正在奋起直追，威胁德国制造商在全球市场的地位；另一方面，互联网技术是德国工业的相对弱项。为了保持作为全球领先的装配制造供应商及在嵌入式系统领域的优势，面对新一轮技术革命的挑战，德国推出工业 4.0 战略，其目的就是充分发挥德国的制造业基础及传统优势，大力推动物联网和服务互联网技术在制造业领域的应用，形成信息物理网络（CPS），以便在向未来制造业迈进的过程中先发制人，与美国争夺新一轮工业革命的话语权。

工业 4.0 其实就是基于信息物理系统实现智能工厂，最终实现的是制造模式的变革。

（一）智能工厂概念

工业 4.0 从嵌入式系统向信息物理系统（CPS）进化，形成智能工厂（图 2-4）。智能工厂作为未来第四次工业革命的代表，不断向实现物体、数据及服务等无缝连接的互联网（物联网、数据网和服务互联网）的方向发展。

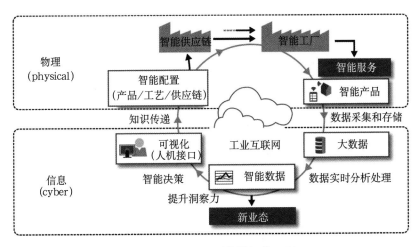

图 2-4 工业 4.0 时代的智能工厂

物联网和服务互联网分别位于智能工厂的 3 层信息技术基础架构的底层和顶层。最顶层中，与生产计划、物流、能耗和经营管理相关的 ERP、SCM、CRM 等，和产品设计、技术相关的 PLM 处在最上层，与服务互联网紧紧相连。中间一层，通过 CPS 物理信息系统实现生产设备和生产线控制、调度等相关功能。从智能物料供应，到智能产品的产出，贯通整个产品生命周期管理。最底层则通过物联网技术实现控制、执行、传感，实现智能生产。

（二）智能工厂的 3 项集成

集成意味着以计算机应用为核心，是信息技术在制造业应用发展的高级阶段，支持制造过程的各个环节。高度集成化能够极大地提高企业的生产效率，有效组织各方资源，鼓舞不同链条中的员工的生产积极性，将企业从不同个体变为具备超强凝聚力的团队，使人员组织管理、任务分配、工作协调、信息交流、设计资料与资源共享等发生根本性变化。

工业 4.0 通过 CPS，将生产设备、传感器、嵌入式系统、生产管理系统等融合成一个智能网络，使得设备与设备及服务与服务之间能够互联，从而实现横向、纵向和端对端的高度集成。

横向集成是指网络协同制造的企业间通过价值链及信息网络所实现的一种资源信息共享与资源整合，确保了各企业间的无缝合作，提供实时产品与服务的机制。横向集成主要体现在网络协同合作上，主要是指从企业的集成到企业间的集成，走向企业间产业链、企业集团甚至跨国集团这种基于企业业务管理系统的集成，产生新的价值链和商业模式的创新。

纵向集成是指基于智能工厂中的网络化的制造体系，实现分散式生产，替代传统的集中式中央控制的生产流程。纵向集成主要体现在工厂内的科学管理上，从侧重于产品的设计和制造过程，走到了产品全生命周期的集成过程，建立有效的纵向的生产体系。

端对端集成是指贯穿整个价值链的工程化信息系统集成，以保障大规模个性化定制的实施。端对端集成以价值链为导向，实现端到端的生产流程，实现信息世界和物理世界的有效整合。端对端集成是从工艺流程角度来审视智能制造，主要体现在并行制造上，将单元技术产品通过集成平台，形成企业的集成平台系统，并朝着工厂综合能力平台发展。

智能工厂的 3 项集成，从多年来以信息共享为集成的重点，走到了过程集成的阶段，并不断向智能发展的集成阶段迈进。工业 4.0 推动在现有高端水平上的横向、纵向及端到端的，包括企业内部、企业与网络协同合作企业之间及企业和顾客之间的全方位的整合。

从过去集成化思想在制造业中发展历程及给制造业带来的效果评价来看，制造业已然越来越离不开以先进技术为支持的全方位整合。可以说，基于全方位整合的集成化思维是制造业新思维之一。而且，制造业今后的发展也必将以"借势借力、整合资源"的全方位整合为基本思路。

三、工业 4.0 对智能机器人提出了更高要求

对于机器人的价值，最开始就是因机器人在工业领域的普及而受到全球认可的。尤其是，主要需求领域的汽车与电子制造产业中，机器人的安装使用，带动了生产效率的大幅增长。新一代信息通信技术的发展，催生了移动互联网、大数据、云计算、工业可编程控制器等的创新和应用，推动了制造业生产方式和发展模式的深刻变革。德国工业 4.0 战略，旨在通过深度应用信息技术和网络物理系统等技术手段，将制造业向智能化转型。

生产制造领域的工业机器人也将成为智能制造的主力军，这是因为制造业是机器人的主要应用领域。主要是在生产过程自动化中，大量采用了机器人，如汽车产业、电子制造产业的大规模量产技术。

德国工业机器人的总数占世界第三位，仅次于日本和美国。机器人在德国制造业中的应用率相对较高，每 4 个就业岗位就有 1 个工业机器人。以往德国机器人产业化模式的主要特点在于分工合作，未来则是基于动态配置的生产方式，将具备一定智能化的机器人个体，通过数据交互从而实现网络协同（图 2-5）。

近年来，随着传感器、人工智能等技术的进步，机器人正朝向与信息技术相融合的趋势发展。由此诞生的"自律化""数据终端化""网络化"等世界领先技术的机器人正在全世界范围内，不断地获取数据、获得应用，形成数据驱动型的创新。机器人在这一过程中，在制造、服务领域带动产生新附加值的同时，还将成为在各种信息传达、娱乐和日常通信领域带来极大变革的关键设备。

一项简单重复性的工作　　　　　　　　各种复杂多样化的工作

　a 单一程序控制　　　　　　　b 通过云计算和人工智能深度学习

图 2-5　工业 4.0 带来机器人的进化

　　尤其是最近几年，随着美国、德国、日本等国家对机器人产业的大量投入，机器人的技术发展日新月异。机器人从单体作业机器人正在向自主学习，自律行动的机器人发展。除了传感器技术、软件信息处理等各种技术进步之外，深度学习等人工智能技术（图像与语音识别、机械学习）的跨越式发展，也推动了机器人自身能力的进一步提升，使机器人能够从事更加高级的工作。也就是说，机器人从过去的简单重复性劳动，变得能够互联、共享，甚至协同工作了。

　　工业机器人在传统制造业领域已经得到了广泛应用，从"工种"来看，包括焊接、喷涂、涂胶、堆垛、搬运、装配、检测、分拣、包装等应用功能。这些系统应用有的是具有单一功能的专机，也有的是多种功能协同的集成应用解决方案。从行业来看，工业机器人已经主要应用于汽车、电子、食品、医药、物流、陶瓷玻璃、塑料化工、五金制品、纺织皮革、航空航天和机床制造等行业。

　　随着工业 4.0 等制造业创新战略的推动，与工人协同工作的智能化"协同工业机器人"受到了普遍重视。以往的工业机器人追求的是"替代工人作业，实现自动化"。但是，随着工业 4.0、新一代信息技术及机器人技术的进展，生产车间更为需要能够更多进行自律化工作的"协同工业机器人"。

世界上最大的工业机器人制造企业之一的 KUKA 近期就推出了多款"协同工业机器人"，如 LBR iiwa。LBR 在德语里的意思是"轻量级机器人"（leichtbauroboter），iiwa 是"具备人工智能的工业工作助手"的首字母组合。这款工业机器人最大可搬运重量为 7～14 kg，具有 7 个轴，最大工作范围为 800～820mm。

同时，工业机器人本身也将不断地升级，将向更多人机交互、更灵活、更迅速、更准确、节省空间、移动化等方向发展。

第三节 消费升级的客观需求

随着消费的升级，各个领域的机器人应用潜力巨大。全球人口的老龄化产生了许多社会问题，例如，对于老龄人的看护，以及医疗护理等问题。光靠财政手段解决这些问题，必将导致巨额社会负担。而从技术角度，广泛应用服务机器人，利用服务机器人所具有的特点则能够显著降低财政负担，提升幸福生活指数，有助于社会福利事业的健康发展。机器人发展的驱动因素有以下 4 个方面。

老龄化问题。全球人口的老龄化带来了大量的问题，社会保障和医疗服务、护理的需求更加紧迫，同时医疗护理人员却显得越来越不够用。在这种激化的冲突之中，服务机器人作为最佳的解决方案有巨大的发展空间。

劳动力不足。由于发达国家的劳动力成本不断上涨，而且人们既不愿意从事简单重复性的工作，也不愿意从事类似于清洁、护理、保安等低端工作，导致在发达国家从事这些工作的人越来越少，这种劳动力的不足为服务机器人带来了巨大的市场。

幸福生活指数。随着经济发展水平的上升，人们可支配收入的增加，使得人们能够购买服务机器人来帮助提升幸福生活指数，让机器人替代人去做各种家务，而人们则可获得更多的空闲或者娱乐时间。

　　科技进步。随着物联网感知技术、移动互联网无线通信技术及大数据挖掘和人工智能技术的成熟，智能机器人更新换代的速度越来越快，成本不断地下降，能实现的功能越来越多。

　　伴随消费的升级，机器人将更广泛地应用到服务业的各个领域（表2-2）。服务机器人能够满足消费者情感交流、陪伴互动、生活服务等多样化、个性化诉求。随着新一代信息技术、人工智能、互联网及物联网技术的快速发展，具有人性化交互能力、运动化控制功能的服务机器人将成为家庭的"一个成员"，服务机器人自定义、自律操作、自学习、网络协同，能够满足消费者多样化、个性化的感知认知、动作行为及控制诉求。

表2-2　服务机器人分类

分类	项目	简介	例子
个人／家用服务机器人	家用机器人	以吸尘机器人和除草机器人为典型代表。需要光电传感器和芯片控制，当遇到障碍时会随机改变角度继续工作直到遇到新障碍。其相应的基站一直发射红外定位和导航信号来指引回到充电站完成充电和垃圾处理的任务，同时能够根据用户设定的信息来控制机器人完成相应的操作	吸尘机器人 拖地机器人 除草机器人 泳池清洗机器人 窗户清洁机器人
	残障辅助机器人	为老年人或者身体有缺陷的人提供服务的机器人，包括康复治疗或者提供日常护理	康复机器人 护理机器人
	教育娱乐机器人	以玩具机器人和参加竞技比赛机器人为主，可以提高玩家的创新能力、动手能力	机器狗

续表

分类	项目	简介	例子
专业领域服务机器人	医用机器人	能够直接为医生提供服务，帮助医生对病人进行手术治疗。医疗外科机器人是典型代表，由医生对机器人进行遥控操作，在医生难以直接进行手术的部位由机器人准确地完成各种手术。可减小创面，缩短手术时间，减少病人痛苦	手术机器人
	场地机器人	专门为实现农业或工业某项或者某些功能而开发的机器	焊接机器人
	军事维护机器人	实现军事用途，如执行战场侦察和炸弹处理等危险任务	侦察机

资料来源：IFR，招商证券。

国际机器人联盟给了服务机器人一个初步的定义：服务机器人是一种半自主或全自主工作的机器人，它能完成有益于人类健康的服务工作，但不包括从事生产的设备。数据显示，目前，世界上至少有 48 个国家在发展机器人，其中 25 个国家已涉足服务型机器人开发。

新一代人工智能技术支撑机器人实现创新突破，目前正在从感知智能向认知智能加速迈进，并已经在深度学习、抗干扰感知识别、听觉视觉语义理解与认知推理、自然语言理解、情感识别与聊天等方面取得了明显的进步。例如，日本软银公司（SoftBank）的 Pepper 陪护机器人已配备了语音识别技术、分析表情和声调的情绪识别技术，可通过判断人类的面部表情和语调方式，感受人类情绪并做出反馈（图 2-6）。

因此，最近几年，智能机器人开始不断向应用场景渗透。随着人工智能技术的进步，智能机器人产品类型愈加丰富，自主性不断提升。例如，美国直觉外科手术公司（Intuitive Surgical）的新一代达芬奇手术机器人（Da Vinci System）更加轻型化，并突破性地实现了术中

根据周边环境和气氛的变化，会有情感流露

被人冷落，她会忧伤

有人赞扬，她会欣喜

图2-6　智能陪护机器人

成像的画中画技术，帮助医生更精确、安全、高效地完成微创手术。与此同时，机器人本体体积更小、交互更灵活，由市场率先落地的扫地机器人、送餐机器人向陪护机器人、教育机器人、康复机器人、特种机器人等方向延伸，应用领域和应用场景不断拓展。

第三章

怎么办才能实现智能机器人

发展智能机器人，首先，要攻克智能机器人核心零部件、专用传感器，完善智能机器人硬件接口标准、软件接口协议标准及安全使用标准；其次，面向应用，研制智能工业机器人、智能服务机器人，实现大规模应用并进入国际市场，研制和推广空间机器人、海洋机器人、极地机器人等特种智能机器人；最后，不可欠缺的是，要建立智能机器人标准体系和安全规则。

第一节　智能机器人核心零部件

通常来讲，机器人包含高精密减速器、高性能机器人专用伺服电机和驱动器、高速高性能控制器、传感器、末端执行器等五大关键零部件。

（一）高精密减速器

通过高强度耐磨材料技术、加工工艺优化技术、高速润滑技术、高精度装配技术、可靠性及寿命检测技术及新型传动机理的探索，发展适合机器人应用的高效率、低重量、长期免维护的系列化减速器。

精密减速器将伺服电机输出的转速降到工业机器人各部位需要的速度，提高机械体刚性的同时输出更大的力矩，主要应用在工业机器人关节上，确保工业机器人很高的定位精度和重复定位精度。与通用减速器相比，机器人关节减速器要求具有传动链短、体积小、承载能力大、质量轻和易于控制等特点。

大量应用在关节型机器人上的减速器主要有两类：RV 减速器和谐波减速器。两种减速器中，RV 减速器应用较谐波减速器更多。

（二）高性能机器人专用伺服电机和驱动器

通过高磁性材料优化、一体化优化设计、加工装配工艺优化等技术的研究，提高伺服电机的效率，降低功率损失，实现高功率密度。发展高力矩直接驱动电机、盘式中空电机等机器人专用电机。

电动伺服驱动系统通常由伺服电机及伺服驱动器组成，是工业机器人的必不可少的关键零部件，是利用各种电机产生的力矩和力，直接或间接地驱动机器人本体，以获得机器人的各种运动的执行机构。伺服电机主要可分为交流伺服系统和直流伺服系统两大类。多轴工业机器人主要使用交流伺服系统，协作机器人则多使用直流伺服系统。

（三）高速高性能控制器

通过高性能关节伺服、振动抑制技术、惯量动态补偿技术、多关节高精度运动解算及规划等技术的发展，提高高速变负载应用过程中的运动精度，改善动态性能。发展并掌握开放式控制器软件开发平台技术，提高机器人控制器可扩展性、可移植性和可靠性。

机器人控制器由机器人控制器硬件和控制软件组成，是机器人控制的核心大脑。控制器的主要任务是对机器人的正向运动学、逆向运动学求解，完成机器人的轨迹规划任务，实现高速伺服插补运算、伺服运动控制。机器人核心零部件中，控制器、软件一般由机器人本体厂家自主设计研发，是本体厂商自己掌握的核心技术，国外各大品牌机器人均采用自己的控制系统。国内机器人本体厂商过去比较欠缺控制技术，近年来通过自主研发或海外并购的方式，补全控制技术。

（四）传感器

传感器技术主要是利用传感器（Transducer/Sensor），感受到被测量的信息，并能将感受到的信息，按一定规律变换成为电信号或其他所需形式的信息输出，以满足信息的传输、处理、存储、显示、记录和控制的需求。

传感器是负责实现物联网中物与物、物与人信息交互的必要组成部分。获取信息靠各类传感器，它们有各种物理量、化学量或生物量的传感器。传感器的功能与品质决定了传感系统获取自然信息的信息量和信息质量，是高品质传感技术系统构造的第一个关键。信息处理包括信号的预处理、后置处理、特征提取与选择等。识别的主要任务是对经过处理的信息进行辨识与分类。它利用被识别（或诊断）对象与特征信息间的关联关系模型对输入的特征信息集进行辨识、比较、分类和判断。因此，传感技术包含了众多的高新技术，被众多的产业广泛采用。其中，微型无线传感技术及以此组件的传感网是物联网感知层的重要技术手段。

只有重点开发关节位置、力矩、视觉、触觉等传感器，才能满足智能机器人的使用需求。

（五）末端执行器

末端执行器指的是任何一个连接在机器人边缘（关节），具有一定功能的工具。这包含机器人抓手、机器人工具快换装置、机器人碰撞传感器、机器人旋转连接器、机器人压力工具、顺从装置、机器人喷涂枪、机器人毛刺清理工具、机器人弧焊焊枪、机器人电焊焊枪等。机器人末端执行器通常被认为是机器人的外围设备、机器人的附件、机器人工具、手臂末端工具（EOA）等。

只有重点开发抓取与操作功能的多指灵巧手和具有快换功能的夹持器等末端执行器，才能满足智能机器人的应用需求。

第二节 专用传感器

2013 年，美国就提出了"万亿传感器革命"。

"万亿传感器革命"这一说法，最初出现在美国的产学联合会议"万亿传感器峰会（TSensors Summit）"上。该会议由仙童半导体公司副总裁 Janusz Bryzek、加州大学圣地亚哥分校工学院院长 Albert P. Pisano 等共同主持。支持并参加该会议的有来自 ICT（信息通信技术）、零部件（半导体、电子部件）行业，以及大学和研究机构的众多著名企业和组织。

该会议提出了"万亿个传感器覆盖地球（Trillion Sensors Universe）"计划，旨在推动社会基础设施和公共服务中每年使用 1 万亿个传感器（图 3-1）。1 万亿这个数字相当于目前全球传感器市场需求的 100 倍。可以预见，不久的将来，我们身边将到处布满传感器——物联网时代即将真正到来！

物联网是将现实世界与信息技术紧密结合的系统，通过信息技术源源不断地获取从摄像头等各种传感器采集的现实世界的数据。物联网将直接或间接地对机器人在现实世界的活动产生影响。

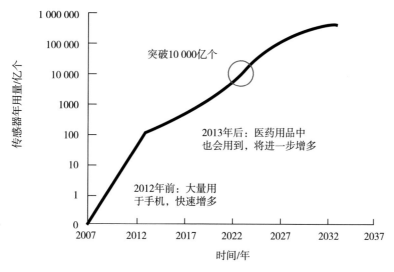

图 3-1　万亿传感器的物联网时代

　　信息技术与现实世界的融合，除了物联网之外，还有其他单词的表述。例如，美国自然科学基金（NFS）早在 2006 年就召开了"信息物理系统（cyber physical systems, CPS）"工作组会议，探讨 CPS 的可行性，并认为 CPS 是美国在未来世界保持竞争力的关键所在；IBM 推出"Smart Planet（智慧地球）"愿景，介于传感器推动信息技术与现实世界的融合；HP 也推出了"地球中枢神经系统（the Central Nervous System for the Earth, CeNSE）"的概念。

　　其实，信息技术与物理世界的结合并非是最近才开始的。飞机与汽车之中实际上已经嵌入了复杂的信息技术。一辆高端汽车之中有可能含有 100 多项信息技术工艺。 那么为什么如今在机器人领域重新提及物联网呢？

　　首先，比起数据量与处理量等量上的复杂度，社会系统中还要求许多跨领域的质的复杂度。例如，机器人中，必须要感知环境数据，结合经验数据，形成智能决策，才能自律操作。

　　其次，物联网与现实世界紧密相融。对于机器人来说，现实世界不能完全的模式化，不知道下一刻会发生什么。尤其是，现实世界行为都是以人类和机器人的活动为起因的。不管是个体行动还是集体行动，一般来说，难以通过模式化进行预测。相对于传统信息技术，物联网技术能够帮助机器人灵活应对诸如此类的现实世界环境的动态变化。

最后，让机器人识别周边状况信息所需的技术。传感器伴随着半导体技术的发展，更加小型化、更加低价化。质和量双方面都变得易于应用。但是，部分隐秘状态（闭塞）或者轮廓无法全部向外展现的物体很难识别；逆光或者黑暗等特定环境下，有时候无法识别物体。同时，在狭小场所自动行驶时，往往还需要比传统上更加高速的图像处理能力；灾害现场等场景，为了判断人体位置，嗅觉的应用，或者从噪音中采取需要的声音样本都很困难；多人谈话时，难以区分特定的声音；通过触觉识别柔软物品很难；室内外，结合多项周边环境数据，根据具体情况，要灵活适应周边环境（即便是无地图情况下）；为了识别人类的意图和感情变化，不仅仅要看动作、语言，还要通过感知脑电波、血流、脉搏等来进行推测的算法。

由于这些挑战的存在，使得环境适应型视觉传感器、低信噪比（SNR）语音处理识别技术、嗅觉传感器、分布式触觉传感器等系统，以及这些传感器的集成系统等研发极为必要。

传感技术是机器从外部获取信息的主要手段，它包括机器视觉、听觉、触觉、味觉、用于大脑认知的肌电图（EMG）、模式识别和自然语言处理。重力传感器、语音传感器、图像传感器等部署于机器人的身体部位之中，能够采集大量的监测数据信息。由于这些数据具有时间与空间属性，所以可以将机器人现实活动反映到网络虚拟空间上，进而将这些信息汇集，通过数据分析，能够指导机器人下一步行动（图3-2）。

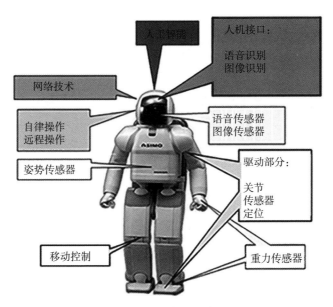

人工智能

人机接口：
语音识别
图像识别

网络技术

语音传感器
图像传感器

自律操作
远程操作

姿势传感器

驱动部分：
关节
传感器
定位

移动控制

重力传感器

图3-2　机器人上的传感器

资料来源：《机器人＋战略行动路线图》，王喜文。

利用物联网技术，让机器人具备智能感官。从物联网技术角度看机器人发展，将与传统机器人发展概念完全不同。未来机器人发展需要的是基于物联网的新技术、新设计、新解决方案。机器人和物联网传感器既要实现软硬件的兼容，又要实现各种接口的数据格式标准化，从而能够在工作环境信息资源充分共享和集成的基础上，机器人进行自律操作，智能行动。

当然，机器人对传感器有着特殊的要求。

传感器作为机器人的智能感官，在计算测量方面发挥着重要作用，也与传统的物联网传感器有着不同的要求。

（1）轻量化、小型化

由于受到机器人自身的"身高"和"体重"的限制，嵌入到机器人身体之内的传感器就要求尽量的轻量化、小型化。

（2）耗电量低

机器人并不是像台式计算机那样插着电源来工作的，而是需要电池来驱动。所以，为了延长工作时间，耗电量低也是必须要考虑的条件之一。在美国，iRobot 机器人公司和麻省理工学院联合开发的称为 Roomba 机器人的全自动智能吸尘器，配备了利用同步视觉定位和建图技术的导航信标，能够自主实现室内清洗。

（3）实时性

实时性主要是指，从传感器获取信息，实时探测机器人的动作和环境的变化，一旦感知数据和控制对象发生变化，则需要及时做出相应的调整。Google 的无人车使用摄像机、雷达传感器和激光测距仪进行导航。2016 年，在中国安徽省芜湖市，百度建立了全国第一个无人车作业区。

（4）结合执行器扩大感知能力

机器人都具备执行器。因此，通过执行器，积极调整传感器状态，才能扩大感知能力。

美国"死神"MQ-9 无人机配备电子光学设备、红外系统、微光电视和合成孔径雷达。在中国深圳，DJI-Innovations 公司研制的幻影 4 具备传感、自动避障及专业的空中能力。

（5）抗环境干扰能力

人类生活的环境对于机器人来说，不是像工厂那样恒温、恒湿，机器人需要能够适应不可预见的光线、噪音和温度变化等复杂环境。所以，要求传感器即便是在噪音环境中，也能不受干扰，正确执行工作。

与人相比，机器人具有可靠性高、操作规范等特征，通过工业机器人能够大幅降低事故发生的可能性；另外，职业病主要是由于长期暴露于有毒有害环境中，工业机器人的大规模使用能够减少一线员工数量，降低作业人员暴露于有毒有害环境中的时间，可大幅降低职业病发病率。

　　以往工业垃圾的筛选处理工作通常由工人完成，需要长时间从事重体力劳动，劳动强度较大，对于从业人员的健康及精神方面会造成很大压力。

　　由此，Sun-Earth 公司为 Shitara-kousan 公司提供了机器人系统集成服务。其特色是边震动，边投入传输带，减少工业垃圾筛选的重复度。由于投入杂物时，边震动边投入，杂物大小各不相同，使得传感器可以轻易进行识别（图 3-3）。

图 3-3　工业垃圾物的筛选处理前后对比

　　自动筛选机器人来完成这项工作，也可以保障在危险环境作业过程中的从业人员工作安全问题，日均工业垃圾物处理量也将得到一定程度的提升（图 3-4）。

效果验证

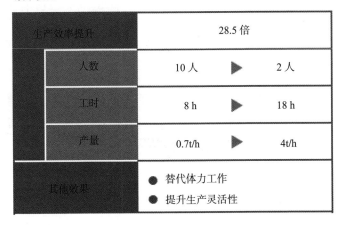

生产效率提升	28.5 倍		
人数	10 人	▶	2 人
工时	8 h	▶	18 h
产量	0.7t/h	▶	4t/h
其他效果	● 替代体力工作 ● 提升生产灵活性		

图 3-4　机器人实施的工业垃圾物的筛选处理工程效果

第三节　硬件接口标准

制造业、服务业、农业、建筑业等是机器人广泛实施的领域，尽管有很多应用场景，但是除了工厂的焊接、喷漆、标准化零部件安装组装之外，机器人实现自动化的比率还很低。而且，工业机器人之外的领域，也就是服务机器人领域，如果不能准确掌握用户需求，就不会产生深度应用，从而往往就会因为价格过高、维修困难等原因，难以得到普及和推广。

要解决这些问题，前提就是硬件接口标准化、模块化，软件接口协议标准化，中间件、机器人操作系统等达到国际标准化。因此，如何将硬件、软件、可连接大多厂商零部件的接口实现兼容，通用化、标准化至关重要。

例如：高精密减速器标准，主要用于规范传动精度和回差、传动效率、传动刚度、力矩刚性、重量、噪音、温升、可靠性、寿命、额定输出转矩、加速度转矩、瞬时加速转矩和长期免维护等技术要求。

伺服电机驱动器标准，主要用于规范精度、响应时间、功能密度、连续输出电流、过载能力、转速、额定输出转矩、峰值转矩、空载速度环带宽、通信方式、材料选择、设计和装配工艺优化等技术要求。

控制器标准，主要用于规范运动精度、动态性能、高速总线接口、控制轴数、插补周期、软件性能、功能安全和可靠性等技术要求。

传感器标准，主要用于规范关节位置、力矩、加速度、视觉、触觉、光敏、超声波和高频测量位移等各类传感器在精度、线性度、重复度、稳定性、微弱信号检测、抗干扰能力、质量、体积和安装等方面的技术要求。

在自动化和工业机器人方面，IEC 61131（可编程控制器标准编程规格）、IEC 61158（现场总线相关标准）、ISO 15745（应用集成框架）、ISO 15704（设备描述文件）等大多标准也已经广为使用。伴随着新一代人工智能技术的进步，通信设备、协议及控制设备、机器人等不断涌现，各大厂商都在推进新的智能机器人标准化工作，意图将自己的产品形成国际标准。

各种数据在计算机上汇集，信息处理与物理处理（生产、组装、运输、销售等）相结合，将会带动生产、销售效率的大幅提升，提升生产系统的灵活性。这是德国工业4.0战略的主要目标，工业软件与生产系统相结合，其实就是ISO/IEC 62264标准。

以往，通常是由垄断市场的少数大企业来规定行业标准。但是，随着技术复杂化提升了行业通用化难度，再加上世界各国对国际标准关注度的提升，ISO等国际标准显得极为重要。同时，以往产品上市之后才确立标准，而欧洲各国站在长期发展的视角，从研发阶段开始就采取企业、大学、研究机构之间的产学研合作，将标准化纳入范畴开始着手起草，以标准为手段为其国内企业抢占国际市场保驾护航。

因此，机器人领域中的标准化工作，也不仅仅是通过零部件通用化来提升便利性，如何确保国内机器人相关企业的国际竞争力，如何创造新一代机器人产业的领先环境等，需要从国家战略角度进行思考。

第四节　软件接口协议标准

智能机器人软件接口协议标准主要是为了"互联""互通""互操作"乃至"互理解""互遵守"。主要涉及机器人操作系统和中间件及云计算平台。

（一）机器人操作系统和中间件

当前，机器人系统大多由根据特殊用途而特定的硬件与软件所构成，大多零部件和软件难以实现重复利用。由此，造成了机器人不仅仅是硬件，其控制软件的开发成本也过高。

通过将机器人硬件、软件功能技术模块化和通用化，各种机器人系统就都可以采用通用零部件，由此实现机器人的低价格组装。同时，通过采用通用软件平台，一些机器人必要功能由平台来提供，就很容易实现机器人的各项功能的集成。

由于机器人是现实世界中的物理系统，就需要采用不同于普通计算机那样的操作系统来控制。近年来，机器人系统通过网络，有必要让各种传感器及其他机器人相融合。能提供这些功能的称之为机器人操作系统或中间件。近年来，世界上机器人操作系统（Robot Operating System，ROS）、机器人平台框架（Yet Another Robot Platform，YARP）等各种机器人操作系统、中间件等也在被陆续开发出来。

YARP 是一个使用 C++ 编写的开源软件包，用于连接机器人的传感器、处理器和制动器。

ROS 起源于 2007 年 11 月，最初目标是在机器人领域提高代码的复用率。然而，很多人都没有想到，ROS 的功能包呈现出指数级发展，目前已经成为机器人领域的事实标准。如今，ROS 应用的机器人领域越来越广，如轮式机器人、人形机器人、工业机械手、室外机器人（如无人驾驶汽车）、无人飞行器、救援机器人等，美国 NASA 甚至考虑使用 ROS 开发火星探测器。可以说，也正是因为有了 ROS，才使得机器人研发更加容易，使得智能机器人开始从科研领域走向人们的日常生活。

（二）云计算平台

近年来，将各种服务汇集到互联网上服务器之中，根据用户端不同的需求提供相应服务的云计算化成为大势所趋。在机器人领域，各种设备也将与网络互连，各种服务都将通过云计算平台来提供。提供云计算的服务平台的企业也可以根据用户的请求及相应的终端信息采集大数据，根据这些数据提供高效服务，通过提供改进产品和服务、高效技术支持及广告与娱乐功能，进一步获取顾客，扩大业务范围。

面向工业机器人的混合云平台，能够实现工业机器人网络实时、可靠接入；实现工业机器人运行参数、环境参数等海量数据的获取、传输和云端存储；实现基于自主学习的云端数据处理；构建面向多应用场景的工业机器人云端数据库，提供工艺过程优化、远程监控、智能状态分析、预测性维护等云服务。

当然，机器人平台有好几种类型。一类是开发机器人应用的软件平台。包括 Aldebaran 公司开发销售，软银 Pepper 预装的 NAOqi、机器人操作系统与中间件 RT-Middleware、ROS、ORiN、V-Sido 等平台。一类是针对不同顾客，提供各种服务的通用云计算平台。例如，小松公司的 KOMTRAX、欧姆龙 PLC 中预装的数据库功能，用于服务机器人的 UNR 平台、RSi 等类型。

不管哪种平台，机器人软件接口协议标准都至关重要。因此，有必要为通用平台制定各项标准，以便促进机器人的联网使用。

第五节　智能工业机器人

工业机器人及成套设备可广泛地应用于企业各个生产环节，如焊接、机械加工、搬运、装配、分拣、喷涂等。工业机器人及成套设备的应用不仅能将工人从繁重或有害的体力劳动中解放出来，解决当前劳动力短缺问题，而且能够提高生产效率和产品质量，增强企业整体竞争力。服务型机器人通常是可移动的，代替或协助人类完成为人类提供服务和安全保障的各种工作。

工业机器人并不仅是简单意义上代替人工的劳动，它可作为一个可编程的高级柔性、开放的加工单元集成到先进制造系统，适合于多品种变批量的柔性生产，可以提升产品的稳定性和一致性，在提高生产效率的同时加快产品的更新换代，对提高制造业自动化水平起到很大作用。

《机器人产业发展规划（2016—2020 年）》中明确提到，推进工业机器人向中高端迈进。面向《中国制造 2025》十大重点领域及其他国民经济重点行业的需求，聚焦智能生产、智能物流，攻克工业机器人关键技术，提升可操作性和可维护性，重点发展弧焊机器人、真空(洁净)机器人、全自主编程智能工业机器人、人机协作机器人、双臂机器人、重载 AGV 等 6 种标志性工业机器人产品，引导我国工业机器人向中高端发展。

（一）弧焊机器人

弧焊机器人主要应用于各类汽车零部件的焊接生产。在该领域，国际大弧焊机器人型工业机器人生产企业主要以向成套装备供应商提供单元产品为主。

1. 系统组成

弧焊机器人可以在计算机的控制下实现连续轨迹控制和点位控制，还可以利用直线插补和圆弧插补功能焊接由直线及圆弧所组成的空间焊缝。弧焊机器人主要有熔化极焊接作业和非熔化极焊接作业两种类型，具有可长期进行焊接作业、保证焊接作业的高生产率、高质量和高稳定性等特点。随着技术的发展，弧焊机器人正向着智能化的方向发展。

弧焊机器人系统基本组成如下：机器人本体、控制系统、示教器、焊接电源、焊枪、焊接夹具、安全防护设施。

系统组成还可根据焊接方法的不同及具体待焊工件焊接工艺要求的不同等情况,选择性扩展以下装置:送丝机、清枪剪丝装置、冷却水箱、焊剂输送和回收装置（SAW 时）、移动装置、焊接变位机、传感装置、除尘装置等。

2. 特点

①稳定和提高焊接质量，保证其均一性。采用机器人焊接时，对于每条焊缝的焊接参数都是恒定的，焊缝质量受人的因素影响较小，降低了对工人操作技术的要求，因此，焊接质量是稳定的。而人工焊接时，焊接速度、干伸长等都是变化的，很难做到质量的均一性。

②改善了工人的劳动条件。采用机器人焊接，工人只是用来装卸工件，远离了焊接弧光、烟雾私飞溅等。

③提高劳动生产率。机器人没有疲劳，一天可24 h 连续生产。另外，随着高速高效焊接技术的应用,使用机器人焊接,效率提高的更加明显。

④产品周期明确,容易控制产品产量。机器人的生产节拍是固定的，因此，安排生产计划非常明确。

⑤可缩短产品换代的周期，减小相应的设备投资。可实现小批量产品的焊接自动化。机器人与专机的最大区别就是可以通过修改程序以适应不同工件的生产。

3. 关键技术

①弧焊机器人系统优化集成技术：弧焊机器人采用交流伺服驱动技术及高精度、高刚性的 RV 减速机和谐波减速器，具有良好的低速稳定性和高速动态响应，并可实现免维护功能。

②协调控制技术：控制多机器人及变位机协调运动，既能保持焊枪和工件的相对姿态以满足焊接工艺的要求，又能避免焊枪和工件的碰撞。

③精确焊缝轨迹跟踪技术：采用激光传感器实现焊接过程中的焊缝跟踪，提升焊接机器人对复杂工件进行焊接的柔性和适应性；结合视觉传感器离线观察获得焊缝跟踪的残余偏差，基于偏差统计获得补偿数据并进行机器人运动轨迹的修正，在各种工况下都能获得最佳的焊接质量（图 3-5）。

图 3-5 协同作业的焊接机器人

（二）真空（洁净）机器人

真空机器人是一种在真空环境下工作的机器人，主要应用于半导体工业中，实现晶圆在真空腔室内的传输。真空机械手难进口、受限制、用量大，成为制约半导体装备整机的研发进度和整机产品竞争力的关键部件。

关键技术

①真空（洁净）机器人新构型设计技术：通过结构分析和优化设计，避开国际专利，设计新构型满足真空机器人对刚度和伸缩比的要求。

②大间隙真空直驱电机技术：根据大间隙真空直接驱动电机和高洁净直驱电机开展电机理论分析、结构设计、制作工艺、电机材料表面处理、低速大转矩控制、小型多轴驱动器等方面。

③真空环境下的多轴精密轴系的设计。采用轴在轴中的设计方法，减小轴之间的不同心及惯量不对称的问题。

④动态轨迹修正技术：通过传感器信息和机器人运动信息的融合，检测出晶圆与手指之间基准位置之间的偏移，通过动态修正运动轨迹，保证机器人准确地将晶圆从真空腔室中的一个工位传送到另一个工位。

（三）全自主编程智能工业机器人

全自主编程智能工业机器人的特点就是在智能上，其自主的编程意识能够让其适应多种工作。

对工业机器人来说，主要有 3 类编程方法：在线编程、离线编程及自主编程。在当前机器人的应用中，手工示教仍然主宰着整个机器人编程领域，离线编程适合于结构化环境，但对于复杂的应用场景，手工示教不但费时而且也难以满足精度要求。随着技术的发展，各种跟踪测量传感技术日益成熟，人们开始研究以传感器的测量信息为反馈，由计算机控制智能机器人进行路径演示的自主示教技术。在视觉导引下由计算机控制机器人自主示教取代手工示教的全自主编程智能机器人已成为发展趋势。

自主编程技术是实现机器人智能化的基础。自主编程技术应用各种外部传感器使得机器人能够全方位感知真实应用场景，识别工作台信息，确定工艺参数。同时，自主编程技术无须繁重的示教，减少了机器人的工作时间和工人的劳动时间，也无须根据工作台信息实时对工作过程中的偏差进行纠正，大幅提高了机器人的自主性和适应性而成为未来机器人发展的趋势。

随着视觉技术、传感技术、虚拟现实与增强现实（VR/AR），智能控制，网络和信息技术及大数据等技术的发展，未来的机器人编程技术将会发生根本性的变革。

①编程将会变得简单、快速、可视、模拟和仿真实时可见。

②基于视觉、传感、信息和大数据技术、感知、辨识、重构环境和工件等的 CAD 模型，自动获取加工路径的几何信息。

③基于互联网技术实现编程的网络化、远程化、可视化。

④基于增强现实技术实现离线编程和真实场景的互动。

（四）人机协作机器人

协作式机器人（collaborative robot）简称 cobot 或 co-robot，是设计和人类在共同工作空间中有近距离互动的机器人。到 2010 年为止，大部分的工业机器人是设计自动作业或是在有限的导引下作业，因此，不用考虑和人类近距离互动，其动作也不用考虑对于周围人类的安全保护，而这些都是未来人机协作式机器人需要考虑的机能。

可以预见，人机协作的未来需要机器人自身在智能性和灵活性上有较大发展，主要集中在以下几方面。

①主动的安全探测手段，如 3D 视觉、多线激光雷达等，用来代替被动的传感器。

②更高级的环境感知与决策算法，可以使用上述传感器来判断复杂环境下的人机关系并做出符合要求的决策。

③更灵活的运动控制和关节制造技术，如阻抗控制与可变刚度关节。

这一系列技术的进步势必会推动机器人安全性能的提升，本质安全将是理想机器人的必备且基础的特征。协作机器人最终将变成一个过渡概念，随着技术的发展，未来所有的机器人都应该具备与人类一起安全的协同工作的特性。

随着自动化控制理论和安全器件陆续出现，安全功能才逐步完善，使得智能工业机器人能够适应更多的生产环境和工作任务，也使得人机协同工作成为可能。当然，随着世界各国对人民生命与财产安全越来越重视，如何确保工业机器人安全可靠的运行也将变得越来越重要。

（五）双臂机器人

双臂双动力机器人模仿了人体双臂的协作原理，具备双臂分别操作功能，能够在坍塌废墟中进行剪切、破碎、切割、扩张等 10 项抢险任务作业，实现了车轮、履带复合切换行驶及油、电双动力驱动双臂，还可在一定范围内实现遥控操作，是当今世界最大的智能化多功能重型机器人。

（六）重载 AGV

AGV（Automated Guided Vehicle，自动导引车）是指具有磁条、轨道或者激光等自动导引设备，沿规划好的路径行驶，以电池为动力，并且装备安全保护及各种辅助机构（如移载、装配机构）的无人驾驶

的自动化车辆。重载 AGV 主要应用于仓储、制造、港口、机场、危险
场所、特种行业等，旨在提高重载领域物流自动化的水平，减轻人的
劳动强度，提高生产效率，缩短物流周期。通常多台 AGV 与控制计算
机（控制台）、导航设备、充电设备及周边附属设备组成 AGV 系统，
其主要工作原理表现为，在控制计算机的监控及任务调度下，AGV 可
以准确地按照规定的路径行走，到达任务指定位置后，完成一系列的
作业任务（图 3-6）。

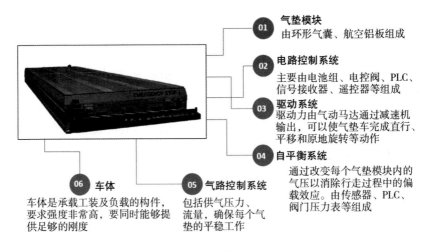

01 气垫模块
由环形气囊、航空铝板组成

02 电路控制系统
主要由电池组、电控阀、PLC、
信号接收器、遥控器等组成

03 驱动系统
驱动力由气动马达通过减速机
输出，可以使气垫车完成直行、
平移和原地旋转等动作

04 自平衡系统
通过改变每个气垫模块内的
气压以消除行走过程中的偏
载效应。由传感器、PLC、
阀门压力表等组成

06 车体
车体是承载工装及负载的构件，
要求强度非常高，要同时能够提
供足够的刚度

05 气路控制系统
包括供气压力、
流量，确保每个气
垫的平稳工作

图 3-6 重载 AGV

注：航天六院下属的航天智造（上海）科技有限责任公司在重载 AGV 方面是公认
的国内龙头企业，能够为重量在 50 ~ 1000 吨的重型设备实现车间内自由移载。

（七）喷涂机器人

智能化的喷涂机器人替代了人工作业，解决了传统业态中的招工
难、用工贵、管理难的关键痛点（图 3-7）。

喷涂机器人实现智能化，首先要采用 3D 视觉采集技术。KML.
cma（汽车后市场专用智能喷涂机器人）采用相对变位机构预置多个视
角，3D 相机对两杠、四门、两盖和四翼实现数模采集，通过优化预置

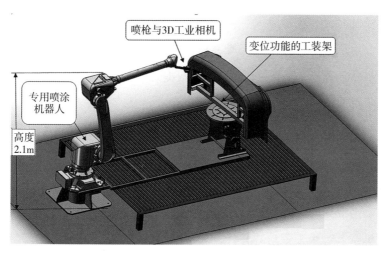

图 3-7 KML.cma（汽车后市场专用智能喷涂机器人）

视角保证采集数模的完整性和快速性，解决工件与机器人空间关系未知的拍摄难题。

其次要采用基于新一代人工智能算法的作业轨迹随机规划技术。根据工件的数模、喷涂工艺参数和喷涂累积模型，建立多参数优化轨迹目标函数，以适应不同数模、不同漆种的喷涂需求，解决喷涂作业中车型不同、维修部位不同和漆种不同的喷涂难题。

最后要采用作业参数系统人工智能整定技术。根据工件的数模、喷涂工艺参数和喷涂累积模型，建立多参数优化轨迹目标函数，以适应不同数模、不同漆种的喷涂需求，解决喷涂作业中车型不同、维修部位不同和漆种不同的喷涂难题。

通过智能喷涂机器人可很好地实现"机器换人"，驱动汽车后市场向集约化、规模化、良性化可持续发展转型升级。

（八）其他工业机器人

机器人早已被应用于汽车、电子等制造业领域，大多从事一些简单重复性动作的工作。而现在，把机器人只当作是一种生产工具的定义已经过时。"机器换人"将引发新的制造业革命。"机器换人"除了降低用工成本，缓解用工难、用工贵的难题，还可以在多个方面促进企业提质增效，提高劳动生产效率，提升产品质量，减少能源消耗。

而目前，应用机器人的大多是大企业，从它们生产率提升、国际成本竞争、人手不足对策等角度出发，机器人应用仍然是非常重要的。此外，需要在目前机器人应用尚未普及的消费品工业——"三品产业"（食品产业、纺织品产业、化学医药品产业）等领域加大扩展机器人应用。

以化学品成分检查为例，以往依赖熟练工人操作，人力成本较高。通过机器人对手工劳动的替代，除了实现低成本之外，还可以24 h连续操作，作业均一化也带来了质量的提升（图3-8）。

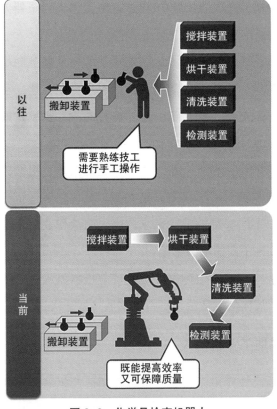

图3-8 化学品检查机器人

消费品工业的机器人发展空间各不相同，随着机器人技术的发展，今后有望进一步扩大机器人的应用。这些领域共同的特点是，对卫生条件要求较高，相对于工人来讲，机器人更为适合。

食品产业不仅仅是单一的食品制造工程自动化，在配菜等后台工作也会用到很多工人，这是一种劳动密集型操作，未来应该将可支持这些作业的机器人开发当作重点。纺织品产业、医药品产业领域也应该积极推进机器人使用，实现性价比或者作业工程时间合理编排，进一步提升劳动生产率。

随着机器人的日益高级化，还要推动设备间合作（机器人之间，机器人与机床，机器人与零部件等）或者网络机器人开发验证。同时，物联网时代，还要将生产系统变得更加灵活、更加优化，超过以往的生产率，提升产品及其质量，让智能工业机器人贯穿于工厂整体所有工程，实现自动化和智能化。

第六节　智能服务机器人

机器人技术发展迅速，涵盖内容越来越多。近年来，现代服务型机器人产品在国内外市场上不断涌现。在社会交际服务中，研究的重点是在帮助老年人和残疾人、家政、医疗、教育、娱乐、国防、航空和运输等方面的应用上——从工厂到日常生活，机器人应用更加广泛。

一、服务机器人概述

按照国际机器人联盟（IFR）的分类，机器人一般分为工业机器人（Industrial Robot，IR）和服务机器人（Service Robot，SR）。工业机器人是在工业生产中使用的机器人的总称，工业机器人是一种通过编程或示教实现自动运行，具有多关节或多自由度，并且具有一定感知功能，如视觉、力觉、位移检测等，从而实现对环境和工作对象自主判断和决策，能够代替人工完成各类繁重、乏味或有害环境下体力劳动的自动化机器。成套设备是由工业机器人和完成工作任务所需的外围及周边辅助设备组成的一个独立自动化生产单元，最大限度地减少人工参与，提高生产效率。

服务机器人可以分为专业领域服务机器人和个人／家用服务机器人。服务机器人在世界范围内具有巨大的发展潜力，发达国家的服务机器人的发展更是有着广阔的市场。

国际机器人联盟给了服务机器人一个初步的定义：服务机器人是一种半自主或全自主工作的机器人，它能完成有益于人类健康的服务工作，但不包括从事生产的设备。数据显示，目前，世界上至少有48个国家在发展机器人，其中25个国家已涉足服务型机器人开发。其实，服务机器人的应用范围很广，除了医疗护理之外，还包括维护保养、修理、运输、清洗、保安、救援、救灾等工作（表3-1）。

表3-1 服务机器人应用领域

行业	应用领域
专业机器人	
国防、救助、安全	军队谍报、监视、战斗及消防活动；爆炸物、危险物品处理；运输；地雷消除
农业、林业	畜牧管理、家畜饲养、自然保护
航天	宇宙飞船、卫星、无人飞机
基础设施	道路或建筑的维护
医疗	外科手术、医疗保健
海洋	深海科考调查
个人／家用服务机器人	
家用／家务	吸尘机器人、游泳池清洁机器人、水槽清洁机器人
娱乐机器人	智能玩具、机器人宠物
教育	授课、培训

按照《机器人产业发展规划（2016—2020年）》中促进服务机器人向更广领域发展的部署，未来主要是围绕助老助残、家庭服务、医疗康复、救援救灾、能源安全、公共安全、重大科学研究等领域，培育智慧生活、现代服务、特殊作业等方面的需求，重点发展消防救援机器人、手术机器人、智能型公共服务机器人、智能护理机器人等4种标志性产品，推进专业服务机器人实现系列化，个人／家用服务机器人实现商品化。

工业和信息化部于2017年12月发布的《促进新一代人工智能产业发展三年行动计划（2018—2020年）》也明确提及，支持智能交互、智能操作、多机协作等关键技术研发，提升清洁、老年陪护、康复、助残、儿童教育等家庭服务机器人的智能化水平，推动巡检、导览等公共服务机器人及消防救援机器人等的创新应用。发展三维成像定位、智能精准安全操控、人机协作接口等关键技术，支持手术机器人操作系统研发，推动手术机器人在临床医疗中的应用。到2020年，智能服务机器人环境感知、自然交互、自主学习、人机协作等关键技术取得突破，智能家庭服务机器人、智能公共服务机器人实现批量生产及应用，医疗康复、助老助残、消防救灾等机器人实现样机生产，完成技术与功能验证，实现20家以上应用示范。

二、智能教育机器人

智能教育机器人主要是以激发学生学习兴趣，培养学生综合能力为目标的机器人。按照功能，主要包括以下4类。

1. 辅助教学机器人

辅助教学机器人主要是指，作为教学媒体和工具为所进行的教与学活动提供服务的机器人，即充当助手、学伴、环境或者智能化的器材，起到一个普通的教具所不能有的智能性作用，如辅助学习、辅助训练等。

2. 管理教学机器人

管理教学机器人主要是指，在课堂教学、教务、财务、人事、设备等教学管理活动中发挥的计划、组织、协调、指挥与控制作用的机器人。

3. 主持教学机器人

随着人工智能与虚拟现实技术的结合，机器人在许多课程教学过程中将不再只是配角，而将成为教学组织、实施与管理的主力。

4. 教育用竞赛机器人

教育用竞赛机器人主要是指，用于在教学过程中提升学生兴趣爱好的竞赛机器人，如足球机器人、跳舞机器人、灭火机器人等。

在教育过程中，引入机器人不仅能够打破课堂上单一枯燥乏味的教学现状，更能丰富教学内容、拓展教学手段。

智能教育机器人，通常是有趣、有挑战性和能激发想象力的。在教育过程中，机器人作为教与学的得力助手，正在创造着未来的教育方式。尤其是，在实验课或者体育课等需要进行身体示范性的教学过程中，教师既要进行讲解还要进行示范操作，由于学生人数众多，每个学生的视线和观看角度可能会受到一定的限制，不能保证所有学生都能清晰地看到教师的示范操作。如果用机器人替代教师的话，就可以让多个机器人在不同的角度，按照教师的要求示范，教师则专心负责讲解。这样一来，教师不用身体力行去操作，不会累；学生也可以全方位观察机器人的动作，深入领会到动作要领。

同时，智能教育机器人也将创造跨时空的学习方式，使知识获取的方式也发生根本变化。教与学可以不再受时间、空间和地点、条件的限制，知识获取渠道变得灵活与多样化。

三、智能护理机器人

在护理领域，乘车移动辅助，如厕、洗澡、日常生活服务，认知症老年人辅助，护理施设业务辅助领域需求极大。为了减轻护理人员的工作负担，还要积极推动基于传感器技术和网络技术，可以室内外自主且安全移动的机器人。同时，通过采集并存储个人健康数据和生活数据，预防老年痴呆症的加重，使老年人护理工作量减轻，也需要具备传感器技术和人工智能的智能护理机器人。

老年人通过移动辅助机器人和生活辅助机器人，即便是需要护理状态，也能够在自己习惯居住的区域继续自立生活。同时，护理现场通过护理机器人的应用，在患者需要护理时，乘车容易，就不再需要护理工人来背抬，减轻了护理工人的工作负担。由此，可以实现一个安全平稳的医疗职业环境。智能护理机器人还可以向更多的护理预防、康复、保健领域应用。

此外，智能护理机器人还包括步行辅助、步行训练（康复）用途。左侧为日本东海橡胶公司推出的"步行辅助装备"，中间为日本今仙技术研究所的"单脚式步行辅助机"，右侧为日本本田的步行辅助系统。

四、智能手术机器人

在对各种疾病诊断和治疗的巨大高端技术需求，老龄化对老残辅助和护理的社会压力及高素养医护人员的缺乏导致的供需矛盾的双重驱动之下，智能手术机器人将是我国医疗工具和手段的前沿发展方向。

（一）第三代外科手术时代的来临

300 年来，外科手术经历了 3 次革命。

① 18 世纪 80 年代，维也纳外科医生 Billroth 首次打开病人腹腔，

完成了世界上首例外科手术。这种传统的开刀手术被称为第一代外科手术并沿用至今；

②20世纪80年代，以腹腔镜胆囊切除术为标志的微创手术取得突破性进展，在许多领域取代了传统开刀手术，被称为第二代外科手术；

③进入21世纪，外科手术机器人得到开发并迅速投入临床应用，被认为是外科手术发展史上的新一轮革命，也预示着第三代外科手术时代的来临。

最近，美国媒体有报道，医疗机构是不是采用手术机器人做手术已经成为"是否是高档医院"的判断标准之一。目前，美国前列腺摘除手术有80%应用手术机器人来实施。而市场份额最大的美国直觉外科手术公司（Intuitive Surgical）的手术机器人"达芬奇"，截至2014年6月，已经在全球有3100多个应用。

手术机器人市场实际上被美国直觉外科手术公司所垄断。正因为是垄断市场，所以达芬奇手术机器人的售价很高。一个4只手臂的达芬奇机器人需要1000万元左右。除了机器人本身售价之外，转用的手术钳每个也要2万元，机器人每年的维护费用还需要100多万元。

达芬奇机器人的产生预示着第三代外科手术时代的来临，医用机器人作为单位价值最高的专业服务机器人是当前医疗行业的发展热点。

手术机器人与传统人工技术相比有许多技术优势，具有精细化、智能化、微创化的特点，可以更精确地诊断症状，科学分析病理，降低人工操作失误，并可以减少患者在手术过程中的痛苦，使患者恢复的速度加快。

在智能医疗时代，类似"达芬奇"的医疗外科手术机器人系统的不断发展，从理论和应用上也提出了许多有待进一步深入研究的问题，特别是适用于外科手术的机器人系统设计、系统集成和临床应用研究。各国政府不仅希望医疗外科机器人系统的研究能为疾病的治疗带来方便，产生良好的社会效益，而且进一步希望医疗机器人系统的研究能形成一个新的经济增长点，带动"机器人＋"医疗相关的产业发展，获得良好的经济效益。

（二）我国智能医疗存在巨大的刚性驱动因素

目前，我国已成为世界上人口老龄化速度最快的国家之一。据世界卫生组织预测，到 2050 年，中国将有 35% 的人口超过 60 岁，成为世界上老龄化最严重的国家。根据联合国公布的人口数据，1990—2010 年，世界各国老龄人口平均增长速度为 2.5%，中国为 3.3%。发达国家老龄化进程长达几十年到一百年，比如法国 115 年，美国 60 年，德国 40 年，日本 24 年，而中国仅用了 18 年时间。

2014 年年底，中国的老年人口数量达到 2.12 亿人，成为世界上第一个老年人口破 2 亿的国家，占世界老龄人口总数的 1/5，我国在可预见的未来对于养老护理的需求极大；另外，我国的残疾人总数巨大，2013 年已经与德国总人口数相当，对残障机器人和康复机器人的需求总量大。

另外，我国医生和护士人数相对于人口基数十分缺乏，根据世界银行 2014 年公布的数据，我国每千人的护士人数仅为世界人均量的 0.46，占日本的 0.4，占美国的 0.15；我国每千人的医生人数仅为日本的 0.79，仅为德国的一半。因而，医护人员的不足引起的供需矛盾使得医用机器人的发展具有更多的动力。

在这些驱动因素的促进下，我国未来的医用机器人市场发展潜力巨大，根据国际机器人联盟（IFR）的预测，2013—2016 年，医疗机器人会以每年 19% 的速度增长，2016 年全球市场规模估计会增长到 119 亿美元。而中国作为服务机器人的高速增长部分，按目前我国市场占美国直觉外科公司的销售比例估计，2016 年，中国的医疗机器人会达到 0.97 亿美元的市场规模。

第七节　特种智能机器人

近些年来，我国特种服务机器人在科学考察、医疗康复、电力巡检、消防救援等领域已经研制出一系列代表性产品并实现应用。

一、空间机器人

空间机器人正是当前各个国家竞相创新的新领域机器人之一，它将机械学、电子学、力学、通信、自动控制、信息科学、人工智能和计算机等多门学科融为一体，是应用在宇宙空间中的一类特殊服务机器人。通常分为两大类。

①舱内服务机器人。主要用来协助航天员进行舱内科学实验及空间站的维护。舱内服务机器人可以降低科学实验载荷对航天员的依赖性，在航天员不在场或不参与的情况下也能对科学实验载荷进行照管。舱内服务机器人要求质量轻、体积小，且具有足够的灵活性和操作能力。

②舱外服务机器人。主要用来提供空间在轨服务，包括小型卫星的维护、空间装配、加工和科学实验等。空间环境是非常恶劣的，如强辐射、高温差和超真空等，这些因素给人类宇航员在太空的生存和活动带来很大的影响和威胁；同时出舱作业的费用是相当昂贵的。因此，舱外服务机器人的研究和实验工作非常重要。

1999 年，美国国家航空航天局（NASA）研制成功仿人型的机器人宇航员 Robonaut，主要用于舱外作业。Robonaut 具有与人手相近的可以灵活工作的手臂，能够使用大部分的舱外作业工具，可以和人类宇航员协同工作，且能够承受高温工作环境。同时，NASA 还开发了用于 Robonaut 的远程操作系统，操作者可利用头盔、数据手套和跟踪器等对 Robonaut 进行远程控制，协助宇航员完成舱外操作任务。

10 多年后，NASA 和美国通用汽车公司（GM）携手研发出了第二代航天机器人"机器宇航员 2 号"（Robonaut 2），简称 R2。与第一代航天机器人相比，R2 的技术更加先进，且操作更加灵活。

2011 年 2 月 25 日，美国"发现"号航天飞机把世界上第一台 R2 运送到国际空间站，主要用于维护空间站内实验室并完成一系列测试，为今后更为先进的太空机器人承担更为繁重的任务来铺路。R2 走进国际空间站，标志着太空机器人由此进入了智能太空机器人的新时代。

为了达到类似于宇航员的工作能力，R2 的全身配有 350 个传感器、38 个控制器和 54 个伺服电机，每只手都有 12 个自由度。手部功能主要有两方面作用，一方面是实现牢固的抓取功能，这一功能是实现由 3 自由度手指和 2 自由度拇指相互配合来完成的动作；另一方面是正反向的灵活运动功能，这一功能是实现由 1 自由度的手掌配合 5 个手指来完成的动作。

R2 机器人仅有上半身，宇航员可以根据任务需要为其组装下半身，如双轮车型、四轮车型、双腿型和机器臂型等。在空间站里，R2 的组装式身体部件能够根据任务需要进行拆卸，宇航员可以不费力地按照不同任务，像搭积木一样，将不同应用模式的 R2 组装出来。

可以说，空间机器人为人类展现了利用太空的无限美好前景。在未来的空间活动中，将有大量的空间加工、空间生产、空间装配、空间科学实验和空间维修等工作要做，空间机器人也将发挥更大的作用。

未来，无人太空探测也将在许多方面受益于机器人技术，到达那些从没有人去的浩瀚宇宙。发展空间机器人主要是解决感知、移动技术、作业技术、人机交互和自律操作等 5 项重点技术。

二、海洋机器人

海洋是地球生命的摇篮，大洋深处埋藏着无穷奥秘和丰富资源。也因此，人类探索海洋的渴望和努力从未停歇。海洋科考离不开高科技的支撑，也离不开尖端装备的支持——海洋机器人应运而生，它能够使人们可以以更多的创新方式去探索海洋世界，成本低而且效率高。

虽然载人潜艇是由 Bourne 在 1578 年提出的，并于 1620 年由 van Drebbel 投入使用，但很快人们就认识到无人驾驶的海洋机器人将更适合于很多水下任务。第一个混合动力遥控车（ROV）项目是在 1958 年由美国海军发起的，目标是建立一个水下打捞装置，并且可以通过系绳电缆进行控制。第一艘自主水下航行器（AUV）——SPURV AUV 是 1957 年由美国华盛顿大学应用物理实验室开发的。SPURV AUV 是为了研究潜艇的扩散和声学传播而研制的。尽管 ROV 与 AUV 几乎是在同一时间被提出，但其自主程度上的发展很大程度上被人工智能、控制技术和传感限制所阻碍。其结果是，ROV 和 AUV 在海上共存，但它们在不同的情况下工作。

例如，在海洋油气钻探和开采作业中，ROV 发挥着实时监测、监控、检查和修复等功能，水下设施安装、海底管道铺设及海底装置检修等作业都离不开它。在海洋地质勘查中，ROV 好比海底观测的"眼睛"，可对海底地形地貌进行观测，对科研人员深入了解掌握调查区地质、资源及环境成因等方面资料具有一定的参考与指示作用。同时，受益于系统的可移动性和可控制性，使用 ROV 进行定点取样可大大提高取样精度，为室内研究提供更富研究价值的样品；在海底管线铺设和检修过程中，铺设管线前，先用 ROV 对海床面和导管架水下情况进行调查可有效确保管线不被导管架缠绕，防止被过往船只触挂；铺设电缆时，ROV 可实时观察整个铺设过程，最大程度保证管线的铺设安全，还能对海底管线进行检测，并根据检测发现的异常状况找出事故点，在指定位置完成剪切、焊接、涂层等修复作业。

而 AUV 通常更适合于大范围的调查任务，如远程搜索和探测。在中国，中国科学院沈阳自动化研究所也开发了一种用于极地探险的混合海洋机器人。根据任务计划，北极 ARV（自主和远程操作的水下航行器）可以在海冰下移动。当发现感兴趣的东西时，北极 ARV 可以切换到 ROV 模式，通过光纤远程操作。因此，在一次潜水中，北极 ARV 可以以混合的方式执行任务。最近，除了混合无人驾驶空中飞行器（AUV）和 ROV 的海洋机器人，其他类型的海洋机器人，结合无人地面车辆（USV）和 AUV，无人驾驶空中飞行器（UAV）和 AUV，滑翔机和 AUV 的机器人已经被开发。在不久的将来，将会有更多类型的混合海洋机器人开发出来以满足海洋调查的需求。

智能化水平的高低成为海洋机器人技术发展的关键因素。智能控制技术旨在提高海洋机器人的自主性，其体系结构是人工智能技术、各种控制技术在内的集成，相当于人的大脑和神经系统。

三、其他特种机器人

（一）电力机器人

智能运检是电网运维检修未来发展的新方向，其作为电网企业核心业务单元之一，在保障电网设备安全健康、支撑大电网安全运行等方面发挥了重大作用。运用电力机器人智能运检，提高电网运维效率，降低安全风险的重要举措，对于电力发展有着远大的意义。

电力机器人具有高效、安全、智能、精确等特点，能够近距离观察线路，运检准确性高；负载能力大，能搭载多种检测仪器；能在恶劣环境下工作，生存能力强；在线电力补给，续航能力强；后期可实现全自主、高效率、高安全巡检。机器人巡线技术，将成为现有输电线路巡线的重要补充。

随着状态检修及智能电网建设，电力部门迫切需要满足现场带电检测与维护作业任务需求的机器人产品。未来电力机器人的发展包括以下几个方面。首先，提高实用性、安全性与可靠性（环境适应、安全保护、故障处理等）；其次，开展检测、维护作业工具与工艺研究，满足相关任务需求；再次，加强技术规范与标准研究；最后，开展产品性能检测与评估，进行试运行，为推广应用奠定基础。

（二）警用机器人

随着科技的发展，社会形势的变化，警用机器人的需求越来越旺盛，也在日常警务工作中发挥了重要的作用。目前，国内警用机器人除低空小型飞行和水下机器人外，按照移动载体主要分为履带式、轮式和轮履复合式 3 种。按照功能主要分为侦察、排爆及危险品、消防、攻击机器人和多功能机器人等。

例如，排爆机器人。它是排爆人员用于处置或销毁爆炸可疑物的专用器材，避免不必要的人员伤亡。它可用于多种复杂地形进行排爆。主要用于代替排爆人员搬运、转移爆炸可疑物品及其他有害危险品；代替排爆人员使用爆炸物销毁器销毁炸弹；代替现场安检人员实地勘察，实时传输现场图像；可配备散弹枪对犯罪分子进行攻击；可配备探测器材检查危险场所及危险物品。

（三）建筑机器人

在建筑工地，由于施工环境复杂，高空作业、施工噪音、工地粉尘等各种因素，都对建筑工人的身心健康造成了不可忽视的危害。此外，在建筑产业化程度较低的情况下，工人施工技术的参差不齐，也容易导致工程出现房屋漏水、外墙皮脱落等质量问题。

对此，应用机器人承担高劳动强度、高危险性、高精度建筑作业，成为世界各国努力的方向。比如，最近美国公司推出了一款名为"半自动梅森"的砌砖机器人，每天可砌砖 3000 块，远远超出了建筑工人每日砌砖数量的平均水平，在提高劳动效率的同时，也把建筑工人从重复且危险的工作中解放出来。

在 2019 年全国两会上，全国政协委员杨国强表示，人工智能和建筑机器人的深度融合，将大大提高建筑领域的劳动生产率并节约大量成本，极大地提升建筑质量。同时，机器人可以接管一些高危险的建筑工程任务，从而改善建筑环境中的工人安全状况，实现人员"零伤亡"。

（四）消防救援机器人

随着社会经济的迅猛发展，尤其是最近几年，许多地区大量高层建筑、地下建筑和大型石油化工企业不断涌现，由于这些建筑和企业生产的特殊性，导致化学危险品和放射性物质泄漏及燃烧、爆炸、坍塌的事故隐患增加，事故发生的概率也相应提高。

一旦发生灾害事故，消防员面对高温、黑暗、有毒和浓烟等危害环境时，若没有相应的设备贸然冲进现场，不仅不能完成任务，还会徒增人员伤亡，这方面公安消防部队已历经诸多血的教训。尤其是当新消防法出台后，抢险救援已成为公安消防部队的法定任务，面对新时期面临的新情况新任务，也为了更好地解决前述难题，消防救援机器人的配备显得日益重要。

消防救援机器人作为特种机器人的一种，在灭火和抢险救援中愈加发挥举足轻重的作用。各种大型石油化工企业、隧道、地铁等不断增多，油品燃气、毒气泄漏爆炸、隧道、地铁坍塌等灾害隐患不断增加。

此类灾害具有突发性强、处置过程复杂、危害巨大、防治困难等特点，已成顽疾。消防救援机器人能代替消防救援人员进入易燃易爆、有毒、缺氧、浓烟等危险灾害事故现场进行数据采集、处理、反馈，有效地解决消防人员在上述场所面临的人身安全、数据信息采集不足等问题。现场指挥人员可以根据其反馈结果，及时对灾情做出科学判断，并对灾害事故现场工作做出正确、合理的决策。

第八节　智能机器人标准体系和安全规则

标准产业是产业发展和质量技术基础的核心要素，在机器人发展中具有基础性和引导性作用。我国机器人经过几十年的发展，标准体系框架已经初步形成，但存在部分标准化缺失老化问题，特别是服务机器人和特种机器人近年来发展迅速，应用范围日趋广泛，由于标准研制滞后，导致技术要求难以统一，产品质量缺乏保证，影响了产业的快速发展。

未来，智能机器人与人类接触频度较高，需要确保高级别的安全性。如果安全标准不完备，用户采用瓶颈就会较大，企业产品开发风险就会较高。因此，亟待建立安全认证体系，制定智能机器人的国际标准体系和安全规则。

一、标准体系

为解决机器人标准缺失、滞后、系统性不足等问题，国家标准化管理委员会、发展改革委、科技部、工业和信息化部联合制定《国家机器人标准体系建设指南》并于 2017 年 5 月份印发，指导当前和未来一段时间内的机器人标准化工作，并提出，根据当前机器人产业发展和标准化现状，机器人标准体系将在 4 年内健全并逐步完善，共分两个阶段完成。

第一阶段：到 2018 年，初步健全机器人标准体系。

制修订 60 项机器人国家和行业标准，培育一批团体标准，按照"需求导向，急用现行"原则，优先制定基础标准、检测评定方法标准、新型机器人产品标准、机器人系统集成标准，推动我国机器人标准成为国际标准。

第二阶段：到 2020 年，建立起较完善的机器人标准体系。

累计制修订约 100 项机器人国家和行业标准，培育一批团体标准，基本实现基础标准、检测评定方法标准，以及产量大、应用领域广的整机标准全覆盖。在机器人领域推广应用，促进我国机器人品质水平大幅提高，我国机器人国际竞争力显著提升。

根据《国家机器人标准体系建设指南》部署，我国近期拟研制重点标准领域主要为以下 5 个领域。

（一）基础标准领域

基础标准领域拟研制术语与定义、分类、支撑技术和智能化 4 个方面的标准。

①制定包括个人 / 家用服务机器人、工业机器人、水下机器人和无人机（飞行机器人）等术语与定义标准。

②制定机器人总体分类标准，并在平衡车和无人机（飞行机器人）领域制定细化的分类标准。

③制定研发设计、控制优化和支撑平台等支撑技术标准。制定包括医疗机器人模块化、基于 OPC UA 的工业机器人信息模型、自主和遥控式水下机器人的载体机构和导航定位系统等研发设计标准。制定包括工业机器人力控制、基于可编程控制器的工业机器人运动控制和

面向智能制造单元的工业机器人集成控制技术等控制优化标准。制定包括视觉集成技术条件、软件开发平台的 XML 描述、云服务平台分类与参考体系结构和云服务平台数据交换规范等工业机器人支撑标准；自治程度指导与说明等医疗机器人支撑标准；机器人操作系统和嵌入式软件支撑标准。

④制定基础范式、平台资源和核心技术等智能化标准。制定包括机器人情感计算、体感交互、语言交互和伦理设计等基础范式标准。制定包括多模态环境感知的信息决策和现实数据融合等平台资源标准。制定包括机器人视觉导航、目标识别、机器人手势操作和语音交互等核心技术标准。

（二）检测评定方法标准领域

机器人的检测评定方法拟研制功能和性能、安全、电磁兼容、环境和可靠性 5 个方面的标准。

①制定工业机器人功能和性能标准，包括双臂工业机器人。制定个人服务机器人功能和性能标准，包括个人护理机器人、电动平衡车、安防监控服务机器人、养老助残服务机器人和教育娱乐服务机器人。制定公共服务机器人功能和性能标准，包括医疗机器人和自动停车服务机器人。制定特种机器人功能和性能标准，包括无人机（飞行机器人）及行业急需的架空输电线路巡检的无人机（飞行机器人）、水下机器人及行业急需的自主水下机器人。制定机器人噪声、谐波齿轮减速器性能方面的标准。

②制定机械电气安全、功能安全和信息安全等检测评定方法标准。制定包括服务机器人、工业机器人和无人机（飞行机器人）等机械电气安全检测评定方法标准。制定包括工业机器人、服务机器人和自动导引车辆的功能安全检测评定方法标准。制定包括工业机器人整机和

工业机器人的智能控制单元和服务机器人的信息安全检测评定方法标准。

③制定包括设计规范、试验方法和评估指南等电磁兼容标准。制定包括工业机器人和服务机器人的电磁兼容设计规范标准。制定包括服务机器人、平衡车和水下机器人的电磁兼容测试标准。制定机器人用控制器的电磁兼容测试标准。制定机器人电磁兼容评估指南标准。

④制定环境适应性和环境保护等环境标准。制定工业机器人防爆环境等环境适应性标准。制定服务和工业机器人的生命周期对环境影响评价方法标准。制定个人／家用服务机器人噪声测试方法标准等环境保护标准。

⑤制定试验方法和评估指南等可靠性标准。制定工业机器人在机械环境和特殊气候环境试验方法、水下机器人寿命评估等可靠性试验标准。制定特种机器人、服务机器人、公共服务机器人、工业机器人和个人／家用服务机器人的可靠性试验方法标准。制定自动导引车辆和工业机器人控制系统可靠性评估指南标准。

（三）零部件标准领域

在零部件领域拟研制高精密减速器、伺服电机驱动器、传感器、电池和电缆方面的标准。

①制定机器人用精密行星摆线和精密摆线针轮减速器标准。

②制定机器人用交流伺服驱动装置、交流伺服电动机和机器人一体化愿控器技术要求标准。

③制定机器人用六维力传感器标准。

④制定服务机器人、工业机器人，以及平衡车的电池标准。

⑤制定工业机器人电缆标准。

（四）整机标准领域

整机标准领域拟研制工业机器人、个人／家用服务机器人、公共服务机器人和特种机器人4个方面的标准。

①制定防爆工业机器人、三自由度并联机器人、六自由度并联机器人、智能图书机器人、焊接机器人、自动导引车等整机标准。制定切割、锻造、冲压、研磨抛光、定重式灌装、自动化生产线桁架式、大型工业承压设备检测、工业环境用移动操作臂复合、分拣、在线式喷胶、注塑、打磨抛光集成系统等加工机器人的整机标准。

②制定个人／家用及类似用途服务机器人整机标准。制定烹饪、擦窗、养老助残、个人运输及安防监控等机器人整机标准。

③制定酒店、银行、场馆、讲解、展示、扫地、公共巡检安防和餐饮等公共服务机器人整机标准。

④制定特种极限、康复辅助、农业、军用和警用、电力、清洁和医疗服务等特种机器人标准。

（五）系统集成标准领域

系统集成领域拟研制接口、数据和协作3个方面标准。

①制定工业机器人的通用驱动模块和控制接口等通信接口类标准。

②制定数控装置互联互通及互操作标准；制定机器人集成应用系统、协作机器人等控制实时性标准；制定协作机器人的联合加工安全性标准。

③制定面向人机协作安全工业机器人设计规范标准；制定实时性通信协议、功能体系结构和系统性能评价等多机器人标准。

二、安全规则

近年来，工业机器人开始进入新的工作环境，比如轻工业、仓储物流及农业。越来越多的企业已经接受机器人，或认为未来机器人不可或缺，但随之而来的就是种种机器人的安全问题。

根据美国职业安全与健康监察局（OSHA）的一项报告显示，自1984年到2017年年底，已经发生了38起与机器人相关的事故。在38起事件中，有27起导致工人死亡。根据美国劳工部统计局（BLS）统计，美国总共有4585名工作人员死于涉及机器人的事故中。

2018年以来也发生过几起备受社会关注的事故。

（1）凶狠撞击事件

据英国《金融时报》报道，2018年7月1日，一名22岁的技术工在大众汽车包纳塔尔工厂中被一台机器人意外伤害致死。当时，受害人正和一位同事在安装机器。不料，与他们一起工作的机器人突然启动，撞击了受害人的胸部。

一瞬间，这名技工就被按压在了金属板上。随后送往医院，最终抢救无效死亡。

（2）误夹伤事件

2018年9月10日上午，安徽省芜湖市一名工人在给搬运机器人换刀具时，突然被机器人夹住。

虽然该工人很快被救下，但被送到医院后，因伤势过重，最终不治身亡。经调查，该工人在为机器人更换刀具时未切断电源，这才导致了惨剧的发生。

（3）气体泄漏事件

当地时间2018年12月5日，美国新泽西州亚马逊仓库发生一起防熊喷雾剂泄漏事故。

据美国广播公司（ABC）新闻报道，因机器人不小心在仓库里刺穿了一罐驱熊剂，美国新泽西州 24 名亚马逊员工被送往医院治疗，其中一人伤势严重，另有 30 名工人在现场接受治疗。

这些事件发生后，无论是机器人行业内还是圈外人士都表示高度关注，有人对该机器人本身的属性及事故发生的原因加以推测，有人对机器人时代的伦理道德发表观点……

当然，无论是何种原因，机器人的安全问题不容小视，任何一种自动化设备，安全都是首要因素。为了机器人和人类的和谐共处、分工协作，机器人的安全问题亟待形成共识。

目前，关于对机器人安全行为的描述中，以美国科幻小说家以撒·艾西莫夫(Isaac Asimov)在小说《我，机器人》中所规定的"机器人三定律"最为著名。艾西莫夫为机器人提出了 3 条定律，程序上规定所有机器人必须遵守。

①机器人不得伤害人类，且确保人类不受伤害；

②在不违背第一法则的前提下，机器人必须服从人类的命令；

③在不违背第一及第二法则的前提下，机器人必须保护自己。

"机器人三定律"的目的是为了保护人类不受机器人的伤害，在现实中，"机器人三定律"成为机械伦理学的基础，目前的机械制造业大多遵循这 3 条定律。但是，艾西莫夫在小说中也探讨了在不违反这 3 条定律的前提下机器人伤害人类的可能性，甚至在小说中不断地有机器人挑战这 3 条定律，在看似缜密的定律中找寻更多的漏洞。

2011 年，国际标准化组织 ISO 公布了 ISO 10218《工业机器人安全要求》。ISO 10218-1 规定了机器人在设计和制造时应遵循的安全原则；ISO 10218-2 规定了在机器人的集成应用、安装、功能测试、编程、操作、维护及维修时，对人身安全的防护原则。

2016 年 2 月，ISO 正式出版了《在操作人员与机器人协作工作时，如何确保操作人员安全的技术指南》——ISO/TS 15066，这是专门针对协作机器人编写的安全规范，同时也是 ISO 10218-1 和 ISO 10218-2 关于协作机器人操作内容的补充。ISO/TS 15066 也可以作为机器人系统集成商在安装协作机器人时做"风险评估"的指导性和综合性文件。

ISO/TS 15066 的出现，为机器人行业解答了以下几个问题，包括如何定义人机协作行为；如何量化机器人可能对人造成的伤害；在以上基础上，对协作机器人的设计有什么要求等。

国际标准化组织对协同工作模式下机器人的使用也有以下 4 种安全措施标准。

①安全监控停止。"这与传统工业机器人使用的方法类似，"NIOSH 主任办公室高级科学家兼 NIOSH 职业机器人研究中心成员 Vladimir Murashov 说，"当工人想要进入机器人的工作区时，工作就会停止。"

②手指导。机器人仅在操作员的控制下移动。

③速度和分离监测。当工人接近时，机器人会自动降低其速度，直到它即将被触摸时停止。

④功率和力限制。机器人在其可携带的有效载荷方面受到限制，并且如果它们意外撞击某人，则可以降低力量。此外，有些机器人往往设计有圆形边缘和更柔软的表面，以减少发生接触时受伤的风险。

工业 4.0 的实现，智能化的发展，其最终目的就是要把操作工提升为工程师来管理更多的机器人，以创造更多的产能，而不是简单的用机器人将人员取代。在确保安全的前提下，协作机器人被设计成与人类在同一空间工作，执行机械任务，并对周围发生的事情做出反应。

可以预见，未来协作机器人自身在智能性和灵活性上有较大发展。可能最后所有的机器人都可以达到人机协作，安全且高效，机器人就像是人类的伙伴，能和我们一起工作与生活！

第四章 ◉ ••••

展望未来的智能机器人

　　机器人在解决劳动力不足、提高各领域工作效率、改进各领域工作质量等方方面面发挥着越来越显著的作用。以前，机器人应用的主要领域是汽车、电子制造产业等，未来，智能机器人将更多地应用于食品、化妆品、医药等产业，以及更广泛的制造领域、服务领域。

　　随着智能机器人遍及社会各个角落，每个人都能感受到机器人应用带来的效果。例如，在老龄化严重的情况下，医疗护理的重要性日益凸显。如果机器人得到深度应用，就可以提供许多目前还实现不了的高级医疗手段，提供负担较轻但是质量较高的护理服务。

　　因此，继智能手机之后，人类正在向智能机器人时代迈进。微软公司创始人比尔·盖茨曾经在《科学美国人》杂志上如此表述："届时，家用机器人将像门铃、计算机、移动电话、电冰箱等一样普及。"智能机器人受刚性需求的驱动，市场将极为广阔。

　　有智能机器人协助，人类将从繁杂的工作中释放出来，同时，新一代人工智能技术进一步发展，也会大幅提升我们的生活质量。

第一节 我们会不会失业？

2015 年 11 月，英格兰银行首席经济学家在一份报告中称，接下来的 20 ～ 30 年智能机器人将取代英国 1500 万人的工作岗位。相当于目前英国从业人口总数 3080 万的一半左右。

这份报告是英格兰银行针对各种产业不断自动化所带来的潜在性影响开展的。将受到影响的工作岗位分为 3 档：超过 66% 为影响很大，33% ～ 66% 为影响一般，低于 33% 则为影响很小。由此得出这些工作岗位将占到未来从业人口的比率。根据调查预测，最可能被取代的工作岗位是"管理岗位""事务性工作""产业工人"。同时，医疗护理、客户服务及一些熟练工种等行业 80% 有可能被机器人所替代。"去工人化"时代将正式到来。

首先，实现制造生产自动化和智能化，提高生产效率和柔性，确保生产质量和稳定性，可以让高端制造效益更高，使生产制造系统在经济上比依赖低成本劳动力的生产系统更具竞争力，并解决老龄化社会带来的劳动力短缺问题。

其次，工业机器人未来将作为工作伙伴协助工人从事脏活、累活、体力活、简单重复性及污染环境、危险环境下的工作，将带来人类生活方式的变革，进而提高生活质量，加速产生新的行业、新的职业，创造更多的工作机会。

一方面，"机器换人"将缓解"用工荒"现象。与人相比，机器具有可靠性高、操作规范等特征，通过工业机器人能够大幅降低事故发生的可能性。另一方面，职业病发病主要是由于长期暴露于有毒有害环境中，工业机器人的大规模使用能够减少一线员工数量、降低作业人员暴露于有毒有害环境中的时间，可大幅降低职业病发病率。与此同时，从工作时长上讲，1 个工业机器人相当于 3 个工人。因为，假设工人是 8 h 工作制，而机器人可以 24 h 时不间断工作。另有数据显示，2000 年以来，我国城镇单位就业人员平均工资保持每年 10% 以上的增长，2013 年全国城镇非私营单位就业人员年平均工资达到 51 474 元，与 2012 年相比名义增长了 10.1%。而机器人则不需要支付工资，成本就在于购买价格除以使用年限。

毫无疑问，机器人越来越智能，功能越来越强大，无疑将加速劳动力的机器人化，并可能会带来大规模失业和收入差距扩大。如果对就业市场造成较大冲击，也将在一定程度上影响社会稳定。那么，智能机器人对于人类的就业而言，是机遇还是挑战？我们准备好了吗？

一方面，新一代人工智能技术的进步，不会严重冲击就业市场，反而使得智能产品极大丰富，需要更多工人去生产；另一方面，新一代人工智能技术也必然会催生新的行业、新的职业和新的岗位。仅就机器人而言，智能机器人出现之后，恐怕会带动机器人维修保养、机器人 APP（应用软件）开发等新的行业及相应的职业涌现。

新职业岗位的涌现，必然需要更多的人员。或许，传统的工作岗位 50% 将被取代，但是被取代下来的人员可能会去从事其他的行业或职业。人类的工作不是没有了，而是人类会从事更具创造性的工作。人类的工作方式也将随之发生变化，社会将会提供更多的、新的工作岗位。

2017 年 7 月，科技部发布的《新一代人工智能发展规划》中明确要求，加快研究人工智能带来的就业结构、就业方式转变及新型职业和工作岗位的技能需求，建立适应智能经济和智能社会需要的终身学习和就业培训体系，支持高等院校、职业学校和社会化培训机构等开展人工智能技能培训，大幅提升就业人员专业技能，满足我国人工智能发展带来的高技能高质量就业岗位需要。鼓励企业和各类机构为员工提供人工智能技能培训。加强员工再就业培训和指导，确保从事简单重复性工作的劳动力和因人工智能失业的人员顺利转岗。

第二节　智能机器人成为我们的"搭档"

新一代人工智能技术的发展让智能型机器人在人们的工作和生活中扮演着越来越重要的角色。未来的智能机器人将成为人类重要的"搭档"。无论是搬运、码垛、研磨、抛光等智能工业机器人，还是家庭、餐厅和公共场所的智能服务机器人，将随处可见。

与此同时，智能机器人所引发的社会伦理研究也一直是新一代人工智能发展所绕不开的难题。随着机器人的智能和性能的不断提升，对智能机器人引发的社会伦理的"担忧"范围必将扩大。

毫无疑问，在带来经济效益的同时，智能机器人也"抢"走某些行业中原本由人类承担的工作，并逐渐挤压人类在中低端产业的工作生存空间，从而导致很多人失业。于是，近些年来，"机器人伦理学"开始备受关注。

资料显示，2004年1月，第一届机器人伦理学国际研讨会在意大利圣雷莫召开，正式提出了"机器人伦理学"这个术语。机器人伦理学研究涉及许多领域，包括劳动服务、军事安全、教育科研、娱乐、医疗保健、环境、个人护理与感情慰藉等各个方面。其中，安全性问题、法律与伦理问题和社会问题成为"机器人伦理学"研究的三大问题。

如何平衡由智能机器人所带来的经济效益和伦理冲突，如何实现人类与智能机器人的完美协作将成为我们未来需要认真研究的一项重要课题。

参考文献

[1] 百度百科．弧焊机器人 [EB/OL]．(2018-07-05) [2019-04-22].https://baike.baidu.com/item/ 弧焊机器人 /3321257?fr=aladdin.

[2] 工业和信息化部．促进新一代人工智能产业发展三年行动计划 (2018-2020 年) [A/OL]．(2017-12-14) [2018-10-22].http://www.miit.gov.cn/n1146285/n1146352/n3054355/n3057497/n3057498/c5960779/content.html.

[3] 工业和信息化部．机器人产业发展规划（2016 - 2020 年）[A/OL]．(2016-04-27) [2018-09-22].http://www.miit.gov.cn/n1146295/n1652858/n1652930/n3757018/c4746362/content.html.

[4] 国家标准化管理委员会．国家机器人标准体系建设指南 [A/OL]．(2017-06-01) [2018-10-22].http://www.sac.gov.cn/sbgs/sytz/201706/t20170601_240276.htm.

[5] 搜狐网．机器人"杀"人事件频发，你应该要警醒的安全意识 [EB/OL]．(2019-02-15) [2019-04-22].http://www.sohu.com/a/294874698_562020.

[6] 新华网．中国自主无人系统智能应用的畅想 [EB/OL]．(2017-07-13) [2019-04-22].http://www.xinhuanet.com//tech/2017-07-13/c_1121310524.htm.

[7] 中国政府网．新一代人工智能发展规划 [A/OL]．(2017-07-20) [2018-

09-22].http://www.gov.cn/zhengce/content/2017-07/20/

content_5211996.htm.

[8] 中国政府网 . 中国制造 2025 [A/OL]. (2015-05-19)[2018-10-22].http://

www.gov.cn/zhengce/content/2015-05/19/content_9784.htm.